図解まるわかり

プログラミングのしくみ

Programming

増井敏克 [著]

SHOEISHA

　本書を書き始めるとき、タイトルに悩みました。それは『プログラムの
しくみ』なのか『プログラミングのしくみ』なのか、という点です。

　『プログラムのしくみ』ではプログラムがどのように動作しているのか、
という内容になりそうです。ハードディスクに格納されているプログラム
がメモリ上にどのように読み込まれ、CPUでどのように処理されている
のか。これはこれで興味がある人が多そうです。

　一方、『プログラミングのしくみ』ではソフトウェアの開発に関する幅
広い内容が対象になります。プログラミング言語や開発手法、開発に使わ
れるツール、プログラマの働き方など、プログラミングするときに考える
ことはたくさんあります。

　この本は後者である『プログラミングのしくみ』です。プログラムが
どのように動くのかではなく、プログラマがどのように考え、どのよう
に開発を進めているのか、そのときにどのような言葉を知っておかない
といけないのか。このようなテーマでさまざまな言葉を見開きで紹介し
ています。

　プログラミングを学ぼうと思ったとき、最初のハードルとして「知ら
ない言葉」があります。プログラミング言語はたくさんあり、作りたい
ものもWebアプリやデスクトップアプリ、スマートフォンアプリなど、
人によってさまざまです。実行環境が変われば、必要な知識も変わって
きます。

　プログラミングを仕事にする場合でも、パッケージソフトを作る開発が
中心なのか、受託開発が中心なのか、はたまたWebで提供するサービス
の開発が中心なのかによって、求められる知識は異なります。

　新しい技術の登場もあります。最近はクラウドにデータを保存すること
が当たり前になりました。ネットワーク環境の変化、新たな攻撃手法の登
場によるセキュリティ面での対応など、幅広い知識が求められます。

　仕事の中では専門用語の会話が飛び交っています。詳しい内容は業務や
実践の中で身につけるしかありませんが、そもそも使われている言葉を
「聞いたことがない」のでは話についていけません。ざっくりであっても、

その言葉が指す「概要」や「関連知識」を知っておけば、とりあえず会話についていくことができます。詳しい内容は、必要になったときに後で調べればよいのです。

ここまで「知識」という言葉を何度も使ってきましたが、プログラミングは暗記課目ではありません。どれだけ知識を詰め込んでも、プログラミングができるようにはならないのです。

「習うより慣れろ」という言葉がありますが、プログラミングも誰かに教えてもらうだけではできるようになりません。まして本を読んだだけで習得できるなら、プログラミングで挫折する人は世の中にはいないでしょう。

とにかくキーボードからソースコードを入力し、実際に動かしてみること。そして、エラーが発生したらそれを修正すること。これを繰り返して、ようやくプログラミングの入り口に立てるのです。

この本を読み終わったら、ぜひ興味を持ったキーワードについて詳しく調べてみてください。そして、実際に手を動かしてプログラムを作ってみてください。

本書で解説している言葉は、プログラミングに関する技術のほんの一部です。実際にプログラミングをしていると、専門用語は他にもたくさんあります。また、新しい用語が登場することもあるでしょう。

しかし、まったく新しい知識が必要になることはほとんどありません。多くの言葉は、過去に登場した技術が少し変わっただけのものであるか、それまでの課題を解決するために少し改良されたものです。

その差を理解するためにも、歴史や過去の技術を学ぶことは大切です。今の仕事に関係ないという理由で読み飛ばすのではなく、「こういう技術もあるんだ」という視点を持っていただければと思います。もちろん、最初からすべてを順に読む必要はありません。気になるテーマやキーワードからスタートして、少しずつ幅を広げてください。この本がプログラミングに興味を持つきっかけになれば幸いです。

2020年7月　増井 敏克

目次

第1章 プログラミングの基礎知識
~まずは全体像から理解する~ 13

第 **2** 章 プログラミング言語の違いとは?
～それぞれの言語の特徴、コードを比較する～　39

第3章 数値とデータの扱い方
～どのように値を持つのが理想?～
65

第 **4** 章 流れ図とアルゴリズム
～手順を理解し、順序立てて考える～
101

第 5 章 設計からテストまで
~知っておきたい開発方法とオブジェクト指向の基本~ 137

第 6 章 Web技術とセキュリティ
～Webアプリを支える技術を理解する～ 191

　本書では、プログラミングの基本について解説しています。ページの都合で掲載できなかったアルゴリズムやセキュリティ技術の解説（PDF形式）と、本書に掲載しているプログラムのコードを読者特典として提供します。下記の方法で入手し、さらなる学習にお役立てください。

会員特典の入手方法

❶以下のWebサイトにアクセスしてください。

　　URL https://www.shoeisha.co.jp/book/present/9784798163284

❷画面に従って必要事項を入力してください（無料の会員登録が必要です）。

❸表示されるリンクをクリックし、ダウンロードしてください。

※特典のファイルは圧縮されています。ダウンロードしたファイルを解凍して、ご利用ください。

※会員特典データのダウンロードには、SHOEISHA iD（翔泳社が運営する無料の会員制度）への会員登録が必要です。詳しくは、Webサイトをご覧ください。

※会員特典データに関する権利は著者および株式会社翔泳社が所有しています。許可なく配布したり、Webサイトに転載したりすることはできません。

※会員特典データの提供は予告なく終了することがあります。あらかじめご了承ください。

第1章

プログラミングの基礎知識

～まずは全体像から理解する～

» プログラミングを取り巻く環境

コンピュータを構成する要素

　コンピュータはディスプレイやキーボード、マウスなどさまざまな機器で構成されています。このような物理的なものをハードウェアといい、動作に必要なものだけでなく、ケースなども含めた物理的なものを指します。ハードウェアの中でも、コンピュータの動作に必要な5つの装置のことを五大装置（図1-1）といいます。

　現代のコンピュータはパソコン（以下、PC）やスマートフォン（以下、スマホ）だけでなく、サーバーやルーターなどさまざまな機器がありますが、いずれもこの五大装置で構成されています。しかし、コンピュータはハードウェアだけでは動きません。Windowsやmacos、Android、iOSなどのOS（基本ソフト）に加え、Webサイトを閲覧するWebブラウザ、音楽の再生やカメラ機能、電卓やメモ、文書作成や表計算などのアプリケーション（以下、アプリ）が必要です。

　このようなハードウェア以外の部分は英語のhardの対義語であるsoftを使って、ソフトウェアといいます（図1-2）。同じハードウェアでも、異なるソフトウェアを導入すると、まったく異なる使い方ができます。

　世の中には音楽プレーヤーやデジタルカメラなど、ハードウェアとソフトウェアが一体になっている製品もあります。**ハードウェアは完成後に問題が見つかった場合に変更が困難ですが、ソフトウェアの不具合であれば修正したプログラムを配布することで変更できる場合があります。**

ソフトウェアとプログラムの違い

　OSやアプリなどのソフトウェアは、実行ファイルであるプログラムと、マニュアルなどの資料、データなどで構成されます。プログラムには実行ファイルやライブラリ（**6-2**参照）などがあります。**プログラミングとは「プログラムを作成すること」を指し、プログラムを作成する人のことをプログラマといいます。**

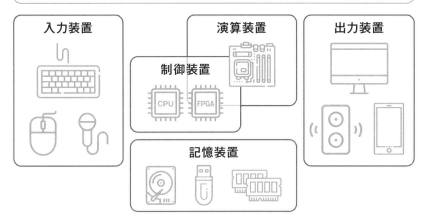

図1-1　五大装置

入力装置

演算装置

制御装置

CPU　FPGA

出力装置

記憶装置

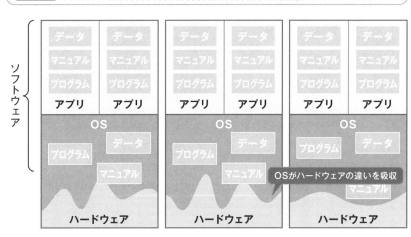

図1-2　ハードウェアと各種ソフトウェアの関係

ソフトウェア

データ　マニュアル　プログラム

アプリ　アプリ

OS

プログラム　データ

マニュアル

OSがハードウェアの違いを吸収

ハードウェア

Point

- コンピュータの動作を理解するとき、五大装置に分けて考えるとそれぞれの役割がわかりやすい
- ソフトウェアにはOSとアプリケーションがある
- プログラムはソフトウェアの一部であり、実行ファイルやライブラリなどが含まれる

第1章　プログラミングを取り巻く環境

15

≫ プログラムが動く環境

PCがあれば使えるアプリ

　PCを使うときに多くの人が利用するアプリとして、Webブラウザや文書作成ソフト、表計算ソフトなどがあります。これらはデスクトップアプリと呼ばれ、PCの中で動作します（図1-3）。

　デスクトップアプリでは、プログラムがPCの中に保存されているだけでなく、多くのデータもPCの中に保存して使います。このため、他のPCで同じプログラムやデータを使う場合には、コピーやインストールをする作業が必要です。

　その分、デスクトップアプリでは**PCに接続したハードウェアを制御**できます。音楽再生ソフトはスピーカーを、文書作成ソフトではプリンターを使うように、ハードウェアを扱うにはデスクトップアプリが必須です。また、ネットワークに接続されていなくても使えるなどの特徴もあります。

インターネットに接続すればどこでも使えるアプリ

　最近増えているものが、インターネット上で提供されるサービスです。FacebookやTwitterなどのSNSだけでなく、Amazonや楽天といったショッピングサイト、GoogleやYahoo!といった検索サービスなどが挙げられ、事業者が用意したWebサーバー上で動作します。

　このようなインターネット接続が前提のアプリをWebアプリといいます。Webアプリを使うには**Webブラウザなどのソフトウェアが必要**です（図1-4）。

スマホの性能を最大限に発揮できるアプリ

　最近はPCを使うことなくスマホで情報を収集している人も多いかもしれません。PCではなく、スマホで動くアプリがスマホアプリです。

　スマホの持つGPS機能やカメラ、ネットワーク、センサーなどのハードウェアを活用し、ゲームをはじめとして多くのアプリが提供されています。

| 図1-3 | デスクトップアプリやスマホアプリの特徴 |

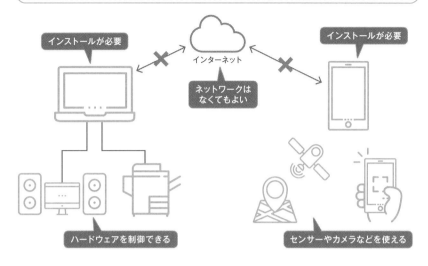

| 図1-4 | Webアプリの特徴 |

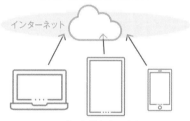

Point

- デスクトップアプリを使うと、PCのハードウェアを活用できる
- WebアプリはWebブラウザで使うため、他のPCやスマホでも使えるが、インターネットへの接続が前提となっている
- スマホアプリはスマホの持つ便利なハードウェアを活用できる

≫ 誰がプログラムを作るのか?

仕事としてプログラムを作る人

　プログラマと聞いて思いつくのが、仕事としてプログラムを作る人でしょう。職業プログラマと呼ばれ、プログラムの開発で収入を得ています。

　自社向けのソフトウェアを開発している人もいれば、顧客から依頼されたソフトウェアを開発している人もいます。これらの人は**働く時間に応じて対価を得る**働き方が一般的です。外注として働く人も多く、**多重請負が問題になる**こともあります（図1-5）。

　一方、Webアプリのように、多くの人にサービスとして使ってもらうソフトウェアや、パッケージを開発している人もいます。働く時間に関係なく、その利用料や販売数によって対価を得られることがあります。

趣味でプログラムを作る人

　プログラムを作っているのは、職業プログラマだけではありません。学生がプログラムを作って公開する場合もありますし、他の仕事をしながら趣味でプログラムを作っている人もいます。

　週末や夜などにプログラム作りを楽しんでいる人たちは趣味プログラマといえるでしょう。フリーソフトと呼ばれる無料のプログラムを作って公開している人や、オープンソースソフトウェア（OSS）のようにソースコードも公開して世の中に役立てようと考えている人たちもいます。

事務作業を自動化する人

　プログラマという職種でなくても、事務担当者がちょっとしたプログラムを作ることもあります。Excelなどの表計算ソフトで**手作業だと面倒な処理を何度も繰り返す場合、自動化すればあっという間に処理できます**。

　最近注目されているのがRPA（Robotic Process Automation）です（図1-6）。専用のツールでPCの作業を記録し、簡単に自動化できます。

図1-5　システム開発における多重請負の現状

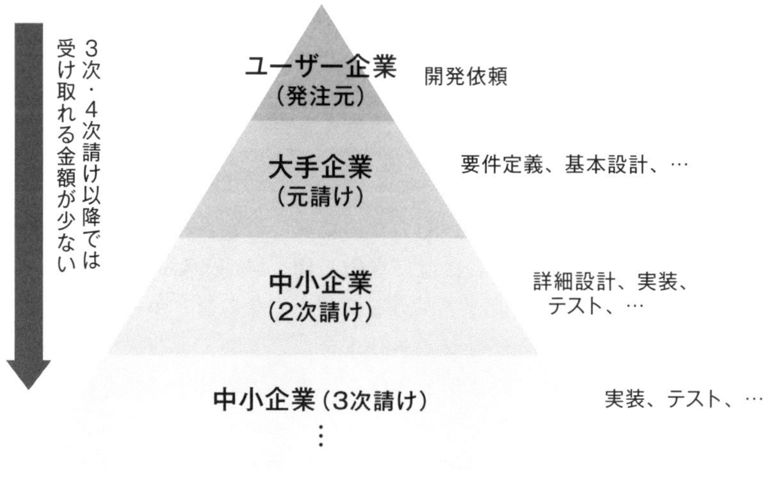

3次・4次請け以降では受け取れる金額が少ない

- ユーザー企業（発注元）　開発依頼
- 大手企業（元請け）　要件定義、基本設計、…
- 中小企業（2次請け）　詳細設計、実装、テスト、…
- 中小企業（3次請け）　実装、テスト、…
  ：

図1-6　RPAとこれまでの自動化との違い

	RPA	Excel（VBA）	シェルスクリプト	プログラミング	デスクトップ自動化
対象範囲	ほぼ何でも可	Excel内だけ（マクロ記録の場合）	コマンドラインだけ	何でも可	PC内だけ
難易度	中	容易	中	難しい	容易
費用	中	安価	安価	高価	安価
速度	中	低速	中	高速	中

Point

- プログラマには、仕事としてプログラミングを行う職業プログラマだけでなく、趣味プログラマも存在する
- 職業プログラマの中では、多重請負により大手以外ではあまり多くの金額を受け取れないことが問題になることもある
- プログラミングができなくても、専用のツールを使うことで自動化に取り組むことは可能になってきている

≫ プログラミングに関わる 業界の違い

顧客のシステムを開発する業界

システム開発の事業者は、いくつかの業界に分類されます（図1-7）。

企業が社内で使うシステムには、在庫管理や経理、勤怠など多くのアプリがあります。各企業によって求める機能が異なることから、独自のアプリで構成されていることが少なくありません。このようなアプリは連携して動くことが求められ、**システム全体を考慮して設計や開発を行う必要が**あります。こういった案件を受託し、設計・開発・運用を担当する企業はSIer（システムインテグレーター、エスアイヤー）と呼ばれます。

システムを安定稼働させることが重要なため、多くの企業で使われた実績のある技術やしくみを使うことが一般的です。

自社で提供するサービスを開発する業界

FacebookやTwitterなどのSNS、Amazonや楽天のようなショッピングサイトなど、Webでサービスを提供する企業は、自社でそのソフトウェアを開発することが一般的です（図1-8では「情報処理サービス業」）。

このようなWebに関するサービスを開発する企業はWeb系に分類されます。**新しい技術に積極的に取り組んでいく企業が多い**特徴があります。

特定の業務などに特化したソフトウェアを開発する業界

ソフトウェアはPCやスマホだけで使われるものではなく、テレビやエアコン、冷蔵庫や炊飯器など、私たちが使う家電などでも多くのソフトウェアが使われています。これらは組込み系として分類されます。また、ゲーム機なども、**ハードウェアの性能を最大限に活用した開発**が求められます。

年賀状作成ソフトや文書作成ソフト、表計算ソフトなどのように、多くの人が使うソフトウェアは製品として提供されることがあります。このようなソフトウェアを開発するメーカーはパッケージベンダーと呼ばれます。

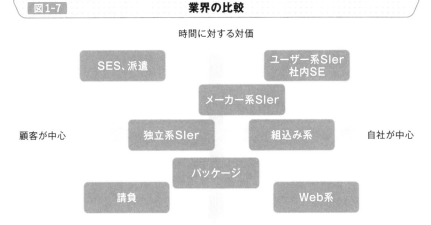

図1-7 業界の比較

時間に対する対価

SES、派遣

ユーザー系Sler
社内SE

メーカー系Sler

顧客が中心

独立系Sler

組込み系

自社が中心

パッケージ

請負

Web系

アウトプットに対する対価

図1-8 IT企業（IT提供側）のIT人材数推計結果

民間企業データベース登録データより			本調査結果
業種細分類名称	企業数	従業員数	IT人材推計
受託開発ソフトウェア業	17,043	859,500	655,780
パッケージソフトウェア業	745	77,392	50,290
組込みソフトウェア業	1,845	56,348	34,918
情報処理サービス業	2,478	211,979	125,476
電子計算機製造業	412	26,719	7,341
情報記録物製造業	611	15,168	4,164
電気機械器具卸売業	7,823	218,319	60,031
合計	30,957	1,465,425	938,000

出典：情報処理推進機構「IT人材白書2019」

Point

- 企業で使われるシステム全体について、その企業に合わせてシステムを設計、開発する企業をSlerといい、独立系やメーカー系、ユーザー系が存在する
- Webでサービスを提供するような企業をWeb系といい、新しい技術を取り入れている企業が多い

» プログラムの開発に関わる職種の違い

顧客との調整から設計までを行う人

　プログラムは1人で作れるような簡単なものだけではありません。大規模なソフトウェアの場合、複数人でチームを組んで開発を行います。

　このとき、全員がプログラムを作成する作業を行うわけではありません（図1-9）。特に顧客との調整や設計作業などの上流工程を中心に、全体を担当する人をSE（システムエンジニア）といいます。顧客の業務を知るとともに、**システム全体に関する幅広い知識が必要**です。また、顧客との**コミュニケーション能力**も重要です。

実際にプログラムを作成する人

　設計書をもとに、実際にプログラムを開発する人のことをプログラマといいます。プログラマはプログラミング言語やアルゴリズムなどに精通し、**品質の高いプログラムを作成できること**が求められます。

ソフトウェア開発全体を統括する人

　ソフトウェアの開発は、プロジェクトと呼ばれる単位で進められます。このプロジェクトを管理するのがPM（プロジェクトマネージャー）です。予算や人員、スケジュールなどの管理を行い、**スムーズに開発が進められるように調整**します。組織によっては、プロダクトマネージャーなどの役職が与えられることもあります（図1-10）。

できあがったソフトウェアが正しく動くか確かめる人

　開発したソフトウェアには不具合が含まれることは避けられません。このため、製品として公開する前にテストという作業が行われ、これを担当する人がテスターです。実際には、プログラマが兼任することもあります。

図1-9　ソフトウェアの開発フローと担当する職種

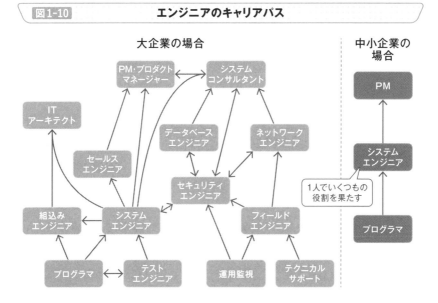

| 要件定義 | 設 計 | 実 装 | テスト | 運 用 |

SE

オペレータ

プログラマ

テスター

PM

図1-10　エンジニアのキャリアパス

大企業の場合

中小企業の場合

PM・プロダクトマネージャー

システムコンサルタント

ITアーキテクト

データベースエンジニア

ネットワークエンジニア

セールスエンジニア

セキュリティエンジニア

組込みエンジニア

システムエンジニア

フィールドエンジニア

プログラマ

テストエンジニア

運用監視

テクニカルサポート

PM

システムエンジニア

1人でいくつもの役割を果たす

プログラマ

Point

📝 ソフトウェアの開発には、プログラマだけでなく SE や PM、テスターなど多くの人が関わっている

📝 大きな企業であれば、プログラマから SE、PM とキャリアアップしていくことが多いが、小さな企業ではこれらを兼任することもある

プログラマの働き方

客先常駐の働き方で多く使われる契約形態

SIerで働く人の中には、その企業に所属していない人もいます。協力企業から派遣されている人たちで、「パートナー」などと呼ばれることもあります。基本的に顧客のオフィスなどに常駐して技術提供を行います。

この場合、さまざまな契約形態があり、ソフトウェア業界で多く使われているのはSES（ソフトウェアエンジニアリングサービス）です（図1-11）。準委任契約とも呼ばれ、決められた時間働く契約をするだけで、仕事の完成は求められません。その代わりに作業報告書などを提出することで、報酬が支払われます。開発したソフトウェアに不具合などがあっても、瑕疵担保責任がありません。なお、**指揮命令が可能なのは受注者のみ**であることに注意が必要です。

顧客の会社に所属する社員のように働く

SESと同じように、決められた時間働くことを契約し、仕事の完成が求められない働き方に派遣があります。瑕疵担保責任がないこともSESと同様ですが、**発注者が指揮命令できるため、その会社の社員のように働きます。**

派遣を行う事業者には、派遣業の許可が必要です。なお、2020年4月から労働者派遣法が改正されるなど、注目を集めている働き方だといえます。

責任は伴うが働き方の制限が少ない形態も

仕事の完成を約束し、**結果に対して報酬を支払う**契約形態に請負があります。瑕疵担保責任があり、進め方や働いた時間にかかわらず固定の金額で契約されます。顧客のオフィス内で働く必要もないため、自宅などで開発をして、完成した段階でその成果物を提出することも少なくありません。

見積より短期間で開発できれば高単価が得られる一方で、想定外に時間がかかった場合には利益が少なくなる可能性もあります。

図1-11 SESと派遣の働き方の違い

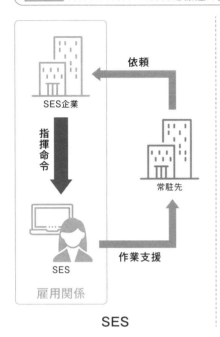

SES

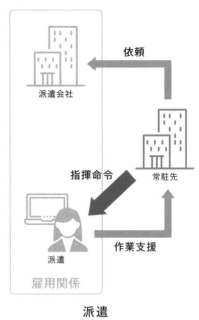

派遣

図1-12 SES、派遣、請負で発生するトラブルの例

例	内容
偽装請負	契約書では「業務請負契約」を締結しているのに対し、実際には労働者派遣を行っているもの 発注者（常駐先）から業務の指示や命令を直接受ける場合、偽装請負の可能性が高い
二重派遣	派遣会社から受け入れた派遣社員を、別の企業に派遣すること。労働者の給料が中間マージンによって減ってしまう可能性がある 二重に派遣した企業だけではなく、労働者の供給を受けた企業も罰せられる

Point

- SESと派遣では働き方は似ているが、指揮命令が可能な会社が異なる
- SESや派遣の場合は開発したソフトウェアに対する瑕疵担保責任がないが、請負の場合は発生する

» ソフトウェアの開発工程

要求分析と要件定義

　ソフトウェアを開発する前に、**そのソフトウェアで実現したい内容を整理する**必要があります。顧客がシステム化にあたって求める要望や、現在課題に感じていることなどを整理することを要求分析（要求定義）といいます。

　要求分析によって顧客の要望を聞き出せれば、実現可能性を含めて判断し、費用面なども考慮したうえで、ソフトウェアで実現する範囲を顧客と調整して決定します。これを要件定義といいます。**要件定義で実現する品質や範囲を決めておかないと要望が後から次々と追加され、開発が終わらなくなってしまいます。**

　つまり、要求分析は顧客側の要望を整理すること、要件定義は開発側として実現することを文書として作成するステップだといえます（図1-13）。

設計は2つの段階に分けられる

　要件定義が終わると、その内容をもとにしてどのようなソフトウェアで実現するかを考えます。これを設計といい、大きく基本設計（外部設計）（図1-14）と、詳細設計（内部設計）の2つの段階に分けられています。基本設計では、利用者の視点で画面イメージや帳票、扱うデータ、他のシステムとのやりとりなどを決定します。一方、詳細設計では開発者の視点で、内部の動作やデータ構造、モジュールの分割方法などを考えます。

　一般的には、**基本設計でWhatを、詳細設計でHowを考える**といわれます。

開発とテスト

　設計後は、実際にプログラミング言語を使ってソースコードを作成し、実行環境を整備します。これを開発（実装）といい、コーディングやサーバーのインストールなどが実施されます。実装後は、開発したソフトウェアの動作を確認するテストが行われます。詳しくは第5章で解説しています。

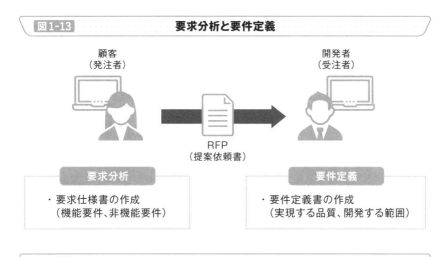

図1-13　要求分析と要件定義

顧客
（発注者）

開発者
（受注者）

RFP
（提案依頼書）

要求分析
・要求仕様書の作成
（機能要件、非機能要件）

要件定義
・要件定義書の作成
（実現する品質、開発する範囲）

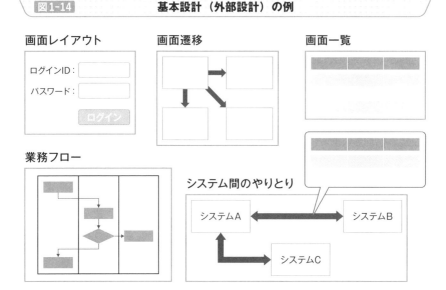

図1-14　基本設計（外部設計）の例

画面レイアウト

ログインID：
パスワード：
ログイン

画面遷移

画面一覧

業務フロー

システム間のやりとり

システムA　　システムB

システムC

Point

✐ 顧客側の要望を整理することを要求分析や要求定義といい、開発側が実現することを文書として作成することを要件定義という

✐ 基本設計では利用者の視点で考えるのに対し、詳細設計では開発者の視点で考える

» ソフトウェア開発の流れ

大規模なプロジェクトで多く使われるウォーターフォール

図1-9に記載したように、ソフトウェアの開発は要件定義、設計、実装、テスト、運用という大きな流れがあります。この流れに沿って開発を進めることをウォーターフォールといいます。滝が流れるように進むことから名づけられ、金融機関などの大規模なプロジェクトで使われています。

実装やテストといった工程になってから、設計段階でのミスや漏れに気づくと修正が大変になるため、**手戻りが発生しないように上流工程で注意深く確認し、ドキュメントなどを整備したうえで開発が進められます。**

仕様変更に柔軟に対応できるアジャイル

Web系のシステム開発などでは、世の中の変化が激しいため、仕様を明確に定めることが難しく、機能追加や変更などが頻繁に発生します。このような場合にウォーターフォールでは対応が難しいことから、最近ではより柔軟な対応がしやすいアジャイルと呼ばれる開発手法が使われるようになりました。

要件定義からリリースまでのサイクルを小さい単位で繰り返すと、仕様変更に臨機応変に対応できるだけでなく、問題が発生した場合にも速やかに対応できます（図1-15）。このとき図1-16にあるような手法を駆使して開発を進めます。

ただし、ウォーターフォールと比べて、当初の見積とは費用やスケジュールが大幅に変わってしまう恐れがあります。また、変更が繰り返されることによる開発者のモチベーション低下、プロジェクトの遅延などのリスクもあります。

アジャイルと似た方法としてスパイラルという開発手法もあります。設計とプロトタイプ（試作）を繰り返して開発する手法で、試作品を作ることで依頼者もイメージを確認できます。ただし、依頼者の要望が多くなると、試作品ばかりを作ることになり、期間内に完成しない可能性もあります。

| 図1-15 | アジャイル |

| 図1-16 | アジャイルで使われる手法の例 |

スクラム
・見積ポーカー
　（プランニングポーカー）
・スプリント計画
・デイリースクラム
・スプリントレビュー
　　　⋮

XP
・テスト駆動開発
・リファクタリング
・CI/CD

リーン
・制約条件の理論
　　　⋮

FDD
・マイルストーン
・機能セット進捗レポート
　　　⋮

RUP
・ユースケース駆動
・UML
　　　⋮

| 図1-17 | アジャイルソフトウェア開発宣言（抜粋） |

プロセスやツールよりも個人と対話を、

包括的なドキュメントよりも動くソフトウェアを、

契約交渉よりも顧客との協調を、

計画に従うことよりも変化への対応を、価値とする。

出典：アジャイルソフトウェア開発宣言（URL： https://agilemanifesto.org/iso/ja/manifesto.html）

Point

🖊 大規模なプロジェクトでは、開発の手戻りを防ぐため、ウォーターフォール型の手法が用いられることが多い

🖊 アジャイル型の開発ではサイクルを短くするだけでなく、手法や考え方がウォーターフォールとは異なる

» 開発（実装）工程ですること

ソースコードを入力する

　設計書をもとに、ソースコードを入力してソフトウェアを開発する工程をコーディングといいます。Webサイトを制作するときに、HTMLやCSSを書くことをコーディングと呼ぶこともありますが、ここではプログラミングの1つの工程のことを指します。

　コーディングするとき、一度に全体のソースコードすべてをまとめて入力することはありません。 まず小さいプログラムを作り、その内容で動かして、実装した内容が正しく動くことを確認します。そして、また少し機能を追加して動くことを確認することを繰り返します（図1-18）。

　なお、どのように進めるかは人によって異なります。紙にフローチャートやUMLを書いてからソースコードを書く人もいますし、いきなりキーボードでソースコードを入力する人もいます。既存のソースコードをコピーしてきて、そこから必要なところだけを切り貼りして作成する人もいます。同じ人であっても実装する内容によってこれらを使い分けています。

実行・運用環境の構築

　ソフトウェアの開発工程において、開発（実装）のステップはコーディング以外に、環境の構築も不可欠です。Webアプリであれば実行するためにWebサーバーが必要になります。スマホアプリなら開発環境だけでなく、実際に動かす機器（実機）がいりますし、開発環境がない場合はその構築ももちろん必要です。

　このような環境の準備や構築を考えると、開発規模によって関わる人や役割も変わってきます。1人で小さなソフトウェアを趣味で作る場合と、大企業で大きなシステムを作る場合では、考えることや作業量が異なります。

　1人であれば、すべて自分でできますが（やらないといけませんが）、大企業ではそれぞれが役割を分担します。この本では、主に図1-19の中心にいるプログラマが実施する作業について紹介しています。

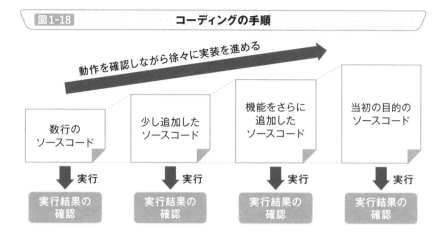

図1-18　コーディングの手順

動作を確認しながら徐々に実装を進める

| 数行の
ソースコード | 少し追加した
ソースコード | 機能をさらに
追加した
ソースコード | 当初の目的の
ソースコード |

↓実行　　↓実行　　↓実行　　↓実行

実行結果の確認　実行結果の確認　実行結果の確認　実行結果の確認

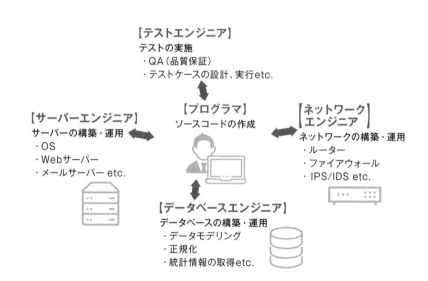

図1-19　開発工程に関わるエンジニア

【テストエンジニア】
テストの実施
・QA（品質保証）
・テストケースの設計、実行etc.

【サーバーエンジニア】
サーバーの構築・運用
・OS
・Webサーバー
・メールサーバー etc.

【プログラマ】
ソースコードの作成

【ネットワーク
エンジニア】
ネットワークの構築・運用
・ルーター
・ファイアウォール
・IPS/IDS etc.

【データベースエンジニア】
データベースの構築・運用
・データモデリング
・正規化
・統計情報の取得etc.

Point

✎ コーディングするときは、一気に全体を実装するのではなく、少しずつ動作を確認しながら進める

✎ 実装の工程ではプログラマ以外にもさまざまな職種が役割を分担する

第1章　開発（実装）工程ですること

》チームで開発する いろいろな手法

複数人が共同でプログラムを作成するペアプログラミング

　プログラムを1人で開発していると、スキル不足により想像以上に時間がかかったり、**自己中心的な実装**になったりすることがあります。思い込みや勘違い、ミスなども発生し、レビューの段階になってから問題が発覚することも少なくありません。

　そこで、2人以上のプログラマが1つのコンピュータを使って共同でプログラムを作成する方法を**ペアプログラミング**（ペアプロ）といいます（図1-20）。同時に作業をすることで他者の意見が加わり、**ソースコードの質が上がる、初心者への教育効果がある**などのメリットがあります。

　ただし、能力に差があると、常に一方だけが意見を言う形になる、顧客側から見ると一方がサボっているように見える、などの可能性もあります。

参加者全員で共有できるモブプログラミング

　ペアプログラミングを発展させた形態に**モブプログラミング**（モブプロ）があります。「モブ」とは群衆を意味する言葉で、求める効果はペアプログラミングと同様ですが、参加者全員で問題点などを共有でき、ある人に知識が集中してその人がいなくなると仕事が進まなくなるような属人化を防ぐことができ、場合によっては効率を高めることができます。

注目を集める評価手法

　上司と部下が1対1で行う対話方法として、最近注目を集めているのが1on1 です（図1-21）。評価面談などとは異なり、短いサイクルで定期的に実施することが特徴で、部下の現状や悩み、困りごとなどを聞き出しながら、部下の能力を引き出すことを目的に行われます。

　フィードバックを速やかに行うことで、モチベーションの向上などにつながることも期待されています。

| 図1-20 | ペアプログラミング（ペアプロ） |

ナビゲーター

1人は口頭で指示する

途中で役割を
交代することもある

ドライバー

1人は実際に
コードを書く

1台のPCを使用

| 図1-21 | 1on1の手法 |

	評価面談	1on1
目的	達成度の確認、評価	改善点の確認、モチベーションアップ
内容	目標内容や評価結果のフィードバック	ティーチング、コーチングなど
頻度	半期、四半期に1度	週単位、月単位など
所要時間	比較的長い	短時間
スタイル	上司からの指示・指摘	自由な対話・部下の成長を促す

上司・人事部などが
主役

部下・メンバーが
主役

Point

- ペアプログラミングやモブプログラミングを行うことで、1人で開発するよりも品質を向上することや教育効果を高めることが期待されている
- 1on1により、これまでの面談よりも効果的な部下のスキルアップや仕事へのモチベーション向上、成長の促進などが期待されている

≫ 開発したプログラムを公開する

無料で使用できるソフトウェア

インターネット上に公開されているなど、無料で利用できるソフトウェアをフリーソフトやフリーウェアと呼びます。ダウンロードして使われるだけでなく、雑誌の付録としてCDやDVDで配布されることもあります。

無料で提供されているため、OSなどの環境が一致すれば誰でも使用できますが、その**著作権は開発者に帰属**することに注意が必要です。許可なく改変したり、販売したりすることはできません。また、他人のソースコードを流用してフリーソフトを公開してもいけません（図1-22）。

注意点として、**動作に保証がない**ことが挙げられます。学生が趣味で開発していたり、作者が自分用に開発したソフトウェアを善意で公開していたりする場合もあり、不具合があっても修正されるとは限りません。

一時的に無料で使用できるソフトウェア

当初は無料で使えても、一定の試用期間が終了した後で継続使用するために、代金の支払いが必要になるソフトウェアがあります。これをシェアウェアといいます。試用期間中は機能の制限や、広告を表示し、代金の支払い後に制限や広告を解除する方法がよく使われます。

ソフトウェアを開発・配布している人や学生など、特定の条件に該当する人への優遇制度を取り入れている場合もあります。

スマホアプリの標準的な配布方法

スマホアプリの場合、アプリストアを経由して公開されることが一般的です（図1-23）。iOSであればAppStore、AndroidであればPlayストアで公開することで多くの人の目に留まります。課金などのしくみも用意されているため、有料のアプリも簡単に公開できるようになっています。

図1-22 自分が開発したフリーソフトなどを公開するときの注意点

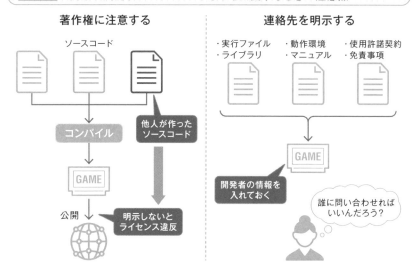

図1-23 スマホアプリはアプリストア経由で配布する

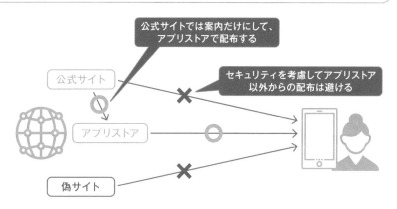

Point

- フリーソフトでも著作権は開発者にあるが、そのフリーソフトを開発者が配布するときは、他人が作ったソースコードを流用していないことを確認する
- スマホアプリを配布するときは、各OSのアプリストアを使う

プログラミングをどうやって学ぶか？

いつの時代も変わらない書籍の重要性

　プログラミングに限らず、新しいことを学ぶときに書籍を使う人は多いでしょう。インターネットでも無料で多くの情報が得られますが、**体系的に整理されている**書籍は貴重です（図1-24）。また、編集や校正などが行われており、ブログなどと比べると一定の正確性も担保されています。

　ITに関する書籍は電子書籍が公開されることも多く、欲しい本があれば瞬時にダウンロードして読むことも可能になりました。たくさん購入しても場所を取りませんし、PCやスマホ、タブレット端末などを持ち運ぶだけで何十冊、何百冊でも場所を選ばずに読めます。コピー＆ペーストできることもプログラマにとっては助かるポイントです。

コンテンツが増えている動画

　インターネット回線が高速になったこともあり、気軽に動画で学べるようになりました。プログラミングを学ぶ際、ツールの使い方などは書籍による文字の情報よりも、**操作手順を簡単に理解できる**動画が便利です。

　動画を見ながら手を動かすことで、実際に動作を試せますし、一時停止や再生速度を調整することで、自分のレベルに合わせて学習できます。

ITエンジニアに馴染みがある勉強会

　まったく知識がない人にとっては、自分だけで学ぶのは大変です。プログラミングを大学の授業で学んだ人も少なくありませんが、専門家に気軽に質問できる、プログラミング専門のスクールも登場しています。

　ITエンジニアに多いのは勉強会（図1-25）やカンファレンスへの参加です。有料・無料問わず多くのイベントが開催されており、他の企業のエンジニアと会話することで、**スキルだけでなくモチベーションを高める**ことにもつながります。

| 図1-24 | | IT書のジャンル | | | |

プログラマ・エンジニア向け

プログラミング	機械学習
ネットワーク	サーバー
データベース	ハードウェア開発
データサイエンス	資格試験

etc.

クリエイター向け

画像編集
DTP
デザイン制作
動画編集

etc.

一般向け

Word・Excel
Windows
ホームページ作成
インターネットビジネス

etc.

| 図1-25 | 勉強会のスタイル |

セミナー形式

誰かが長く話をして、他の人は聴くだけ

もくもく会

テーブルを囲んでそれぞれが自分の好きな勉強をする

LT（Lightning Talk）形式

話す人は5分程度で交代するため、聴講者はさまざまな話を聴ける

Point

- プログラミングを学ぶとき、書籍だけでなく動画など選択肢が広がっている
- IT系ではスクールや勉強会など、他の人と学ぶ環境も増えている

やってみよう

　普段使っているソフトウェアでも、「どのような会社によって開発され、どのような技術が使われているのか」や「ビジネスモデルがどのようなものか」を意識することはあまりありません。

　無料で使用できるソフトウェアやWeb上のサービスでも、開発にはコストがかかっています。どれくらいの人数で開発され、どのようなスケジュールでリリースされているかを知ることで、その開発規模や開発スタイルを想像できます。

　このような視点で調べてみると、「その会社の競合他社はどこなのか」「働くときに、どのような業界が自分に向いているのか」を整理でき、プログラマとしての就職や転職に役立ちます。

　情報が公開されていない企業もありますが、ぜひ調べてみてください。

【ソフトウェアについて】

	ソフトウェアの名前	開発元	似た機能を持つソフトウェア
(例)	Word	Microsoft	Googleドキュメント、Pages
(1)			
(2)			
(3)			
(4)			
(5)			

【開発している企業について】

	企業名	社員数	売上高	ビジネスモデル
(例)	株式会社NTTデータ	11,310人[※1]	2兆2668億円[※2]	公共、金融、法人向けシステム開発など
(1)				
(2)				
(3)				
(4)				
(5)				

※1 2019年3月31日現在／※2 2020年3月期

第2章

2

章

プログラミング言語の違いとは？

～それぞれの言語の特徴、コードを比較する～

≫ コンピュータが 処理できる形に変換する

プログラミングに使われるファイル

　私たち人間は、日本語や英語（自然言語）で書かれた文章を読むとその内容を理解できます。図や表を使えば、よりわかりやすく直感的に理解できる設計書になるでしょう。しかし、文章や設計書をそのまま渡しても、コンピュータは処理できません。処理したい内容を、コンピュータが理解できる言葉（機械語）で記述する必要があるのです（図2-1）。

　人間が機械語を使うのは困難なため、人間が日常で使っている自然言語よりも機械語に変換しやすいプログラミング言語を使用します。ソフトウェアの開発は、プログラミング言語の文法に沿ってソースコードを作成することで行われます。

　さらに、プログラミング言語で書かれたソースコードをコンピュータが処理できる機械語のプログラムに変換する必要があります。このプログラムのファイル形式を実行ファイルと呼びます。

　このようにソースコードを書き、プログラムを作成する作業がプログラミングです。設計書を作成する作業やプログラムの動作を確認するテスト、不具合（バグ）を取り除くデバッグが含まれることがあります。

プログラムへの変換方法

　ソースコードをプログラムに変換するとき、コンパイラとインタプリタの2通りの方法があります（図2-2）。コンパイラは事前にソースコードからプログラムに一括変換しておき、実行するときはプログラムを処理する方法です。文書を翻訳するように事前に変換しておくことで、実行時には高速に処理できます。

　インタプリタは実行しながらソースコードを変換する方法で、通訳のように話しているそばから訳した言葉を伝えていくイメージです。処理には時間がかかりますが、想定した通りに動かなかった場合にも少し修正してまた実行する作業を容易に実施できます。

図2-1　人間とコンピュータが得意な言語

○ 自然言語
（日本語・英語など）

 プログラミング言語

 機械語

図2-2　コンパイラとインタプリタ

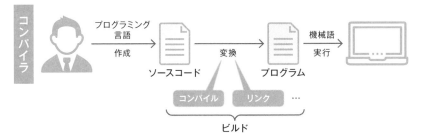

コンパイラ

プログラミング言語 作成 → ソースコード → 変換 → プログラム → 機械語 実行

コンパイル　リンク　…

ビルド

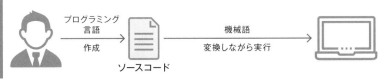

インタプリタ

プログラミング言語 作成 → ソースコード → 機械語 変換しながら実行

Point

- 人間が得意な自然言語はコンピュータが理解できず、コンピュータが扱える機械語を人間が理解するのは困難なため、プログラミング言語が使われる
- プログラミング言語で書かれたソースコードをコンピュータが実行する方法として、コンパイラとインタプリタという2通りの方法がある

》 人とコンピュータが 理解しやすい表現

コンピュータが直接処理できる低水準言語

言語は「コンピュータに近いか人間に近いか」という基準で分類できます（図2-3）。コンピュータが直接処理できるのは機械語だけでした。コンピュータは2進数で処理するため、機械語は0と1の並びですが、人間が少しでもわかりやすいように16進数で表現されることもあります。

ただし、16進数でも人間が理解するのは大変なため、アセンブリ言語が使われるようになりました。アセンブリ言語は**機械語と1対1に対応しており、英語のように表現できる**ため、人間でも読みやすいです。

アセンブリ言語で書かれたソースコードを機械語に変換することをアセンブル、変換するプログラムのことをアセンブラと呼びます。アセンブリ言語のことをアセンブラと呼ぶこともあります。

この機械語やアセンブリ言語のように、コンピュータに近い言語を低水準言語（低級言語）といいます。

人間が読みやすい高水準言語

アセンブリ言語でも人間が読めなくはありませんが、大規模なプログラムを作成するときには記述量が多くなり実装が面倒です。また、機械語の記述方法はハードウェアによって異なるため、別のメーカーのコンピュータで動かそうと思ったときに、ソースコードを始めから書き換える必要があります。

そこで、人間が読み書きしやすいような文法のプログラミング言語を考え、そのソースコードから機械語に変換するしくみを考えるようになりました。このような人間に近い言語を高水準言語（高級言語）といいます。これらの言語では、**一度書いたソースコードは他のハードウェア向けに変換する（移植する）**ことも容易です（図2-4）。

さらに最近では、他のハードウェアやOSでもそのままプログラムを実行できるクロスプラットフォームに対応した言語も登場しています。

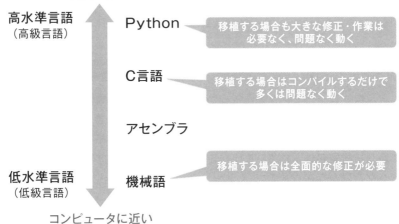

図2-3　高水準言語と低水準言語

人間に近い

高水準言語
（高級言語）

Python

移植する場合も大きな修正・作業は
必要なく、問題なく動く

C言語

移植する場合はコンパイルするだけで
多くは問題なく動く

アセンブラ

機械語

移植する場合は全面的な修正が必要

低水準言語
（低級言語）

コンピュータに近い

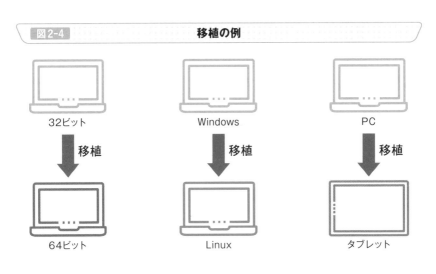

図2-4　移植の例

32ビット　　　　Windows　　　　PC

移植　　　　移植　　　　移植

64ビット　　　　Linux　　　　タブレット

Point

- 「低水準言語（低級言語）」「高水準言語（高級言語）」という言葉が使われるが、言語のレベルが低い・高いということではない
- 他のハードウェアに移植する場合、高水準言語の方が変換の手間が少ない

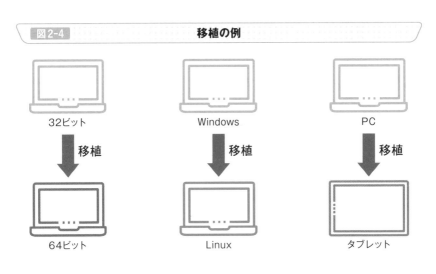

第2章　人とコンピュータが理解しやすい表現

≫ プログラミング言語を分類する

処理手順を考える手続き型

どんなプログラミング言語で書いても、最終的には機械語に変換する必要がありますが、「大規模なプログラムを作成するときに保守しやすい」「手軽に少しだけ試したい」「処理速度を追求したい」などさまざまな理由で新しい言語が作られています。このため、世の中には数多くのプログラミング言語が存在します。

これらのプログラミング言語はその言語が設計された「考え方」で大きく分類でき、これをプログラミングパラダイムといいます。古くから使われてきた手続き型という分類は、処理の「手順」を考える方法だといえます。**手続き型のプログラミング言語では、実行する一連の処理をまとめた手続きを定義し、この手続きを呼び出しながら処理を進めます**（図2-5）。プログラミング言語によっては、この手続きを関数やサブルーチン、プロシージャなどと呼ぶこともあります。

データと操作をひとまとめにするオブジェクト指向

手続き型では定義した手続きを呼び出すことで、一度書いたコードを何度でも簡単に使えますが、ソースコードのどこからでも手続きを呼び出せると、大規模なプログラムでは問題につながる可能性があります。

また、「呼び出す手順を間違えた」「必要な手順が漏れていた」「勝手にデータを書き換えてしまった」などの不具合が発生したときに、その影響を受ける範囲を調査することも難しくなります。

そこで、オブジェクト指向という考え方があります。**「データ」と「操作」をひとまとめにしたものをオブジェクトといい、用意されている操作でしかその内部にあるデータにアクセスできません**（図2-6）。

これにより、他の処理から見える必要がないデータや操作を隠し、必要な操作だけを公開することで、「誤った手順で使われる」「勝手にデータを書き換えられる」といった不具合の発生を防いでいます。

図2-5	手続き型

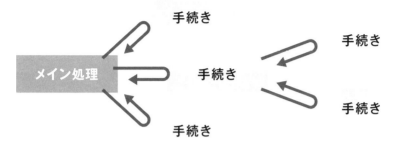

図2-6	オブジェクト指向

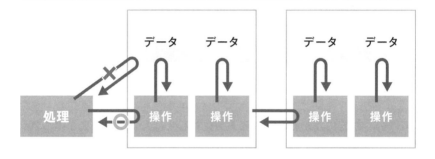

図2-7	手続き型とオブジェクト指向の言語の例

手続き型	オブジェクト指向
BASIC、C言語、COBOL、Fortran、Pascal など	C++、Go、Java、JavaScript、Objective-C、PHP、Python、Ruby、Scratch、Smalltalk など

Point

- 手続き型は古くから使われてきた言語だが、最近はオブジェクト指向の言語が多くなっている
- オブジェクト指向ではデータと操作をひとまとめにして扱うため、保守性が高まることが期待されている

宣言型のプログラミング言語

状態を変化させない関数型

　手続き型とオブジェクト指向の考え方は異なりますが、どちらもコンピュータに「手順」を指示するので「命令型」のプログラミング言語に分類できます。これらは、「どのように」処理を行うのかが注目されます。

　それに対し、その処理が「何なのか」に注目する宣言型と呼ばれる分類があります（図2-8）。これらは手順を記述するのではなく、**コンピュータに「定義」を伝え、コンピュータはその定義を解釈して動作します。**

　宣言型の中でもよく使われるものに関数型のプログラミング言語があります。ただし、関数型という言葉に明確な定義があるわけではなく、関数の組み合わせで記述していくスタイルを指すことが一般的です。

　命令型でも関数（手続き）を使いますが、命令型が状態を取得・変化させながら処理するのに対し、関数型では状態を使わない関数を定義します（図2-9）。**状態にかかわらず同じ入力に対しては常に同じ結果が得られる**ため、テストが容易になります。

　また、関数もデータとして扱うことができるため、関数にデータとして関数を渡すことで関数の定義と適用によって処理を表現し、統一したスタイルを実現できます。このような考え方は、オブジェクト指向でデータと操作をひとまとめにする考え方とは一線を画しているといえます。

真偽を中心に考える論理型

　宣言型の中には、論理型と呼ばれるプログラミング言語もあります。古くから人工知能の研究に用いられたPrologは論理型の言語の代表的な存在だといえます（図2-10）。

　論理型のプログラミング言語は論理式を使って関係を定義します。この関係は述語と呼ばれ、真か偽のいずれかの値のみを取ります。「条件を満たすものを探す」という考え方はまったく新しい視点ですが、処理速度の問題などもあり、現在ではあまり実務で使われていないのが現状です。

図2-8 命令型と宣言型

命令型	宣言型
・手続き型 ・オブジェクト指向	・関数型 ・論理型

図2-9 手続き型と関数型の考え方の違い

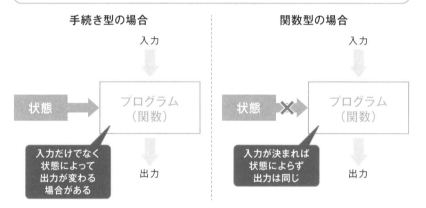

図2-10 関数型と論理型の言語の例

関数型	論理型
Clojure、Elixir、Haskell、LISP、OCaml、Schemeなど	Prologなど

Point

⫻ 手続き型、オブジェクト指向以外にも関数型や論理型と呼ばれる言語がある

⫻ 関数型言語では入力が決まれば同じ出力が得られることに加え、関数もデータと同じように扱うという特徴がある

≫ 手軽に使えるプログラミング言語

すぐに実行できるスクリプト言語

　ちょっとしたプログラムを手軽に作成するために使われるプログラミング言語はスクリプト言語とも呼ばれます。ファイルの操作や複数のコマンドの連続実行などに使われるシェルスクリプト、主にWebブラウザ上で実行されるJavaScriptやVBScript、Webアプリで多く使われるPHPやPerl、Ruby、Pythonなどもスクリプト言語に分類されます。

　一般の人に配布するようなプログラムとは異なり、開発者自身が処理を楽にするために実行するちょっとしたプログラムや、WebブラウザでアクセスするWebアプリのようなプログラムで使われます（図2-11）。

自動処理に使われるマクロ

　手作業を自動化する目的で使われるプログラムはマクロと呼ばれることがあります。WordやExcelなどのオフィスソフトを操作するVBAではマウスで操作して記録・実行ができますし、エディタやブラウザなどを操作するWSHなどの場合、JavaScriptやVBScriptなどの言語で記述します。

　テキストエディタの場合でも、独自の言語を実行していることがあり、自動化だけでなく、通常のプログラミングに使える場合もあります。例えば、Emacsというテキストエディタでは、Emacs Lispという言語を使ってさまざまな拡張機能が実現されています。

構造に意味を与えるマークアップ言語

　正しく書かれた文章は人間が見ると意味がわかりますが、コンピュータがその意味を理解するのは困難です。そこで、見出しや強調など、**文章の構造をコンピュータに指示する言語**としてマークアップ言語があります。

　例えば、Webページの表現に使われるHTMLではタグと呼ばれる記号で囲んで要素を記述し、リンクや画像などを表現します（図2-12）。

図2-11　スクリプト言語の特徴

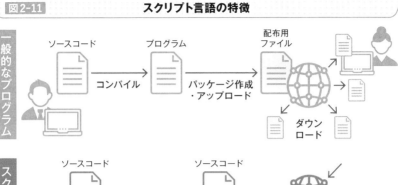

図2-12　HTMLの例

Webブラウザでの表示

HTMLの例

```
<!DOCTYPE html>
<html lang="ja">
  <meta charset="utf-8">
  <head>
    <title>図解まるわかりシリーズ</title>
  </head>
  <body>
    <img src="selogo.png" alt="翔泳社のロゴ">
    <h1>図解まるわかりプログラミングのきほん</h1>
    <hr>
    <ul>
      <li><a href="security.html">図解まるわかりセキュリティのしくみ</a></li>
      <li><a href="network.html">図解まるわかりネットワークのしくみ</a></li>
      <li><a href="server.html">図解まるわかりサーバーのしくみ</a></li>
    </ul>
  </body>
</html>
```

Point

- ✎ ちょっとしたプログラムを実行するにはスクリプト言語が便利に使える
- ✎ WordやExcelなどには操作を記録するマクロが存在し、マウスで操作して記録・実行が可能である
- ✎ HTMLなどのマークアップ言語では、文書の構造を記述してコンピュータに指示できる

» プログラミング言語の比較1

歴史あるC言語とオブジェクト指向が加わったC++

　古くから多くのシステムの開発に使われている歴史のある言語としてC言語があります（図2-13）。アプリだけでなく、OSやプログラミング言語の開発など幅広い分野で使われてきました。**ハードウェアに近い部分を操作するには必須の言語**だといえます。

　また、C言語にオブジェクト指向などを加えた言語にC++があり、C++のコンパイラではC言語のソースコードもコンパイルできることが一般的です。現在もマイコン（家電など）やIoTなどの組込み系の機器でのソフトウェア開発や、ゲーム開発などで使われています。

利用者が多く人気があるJava

　2000年頃からずっと人気を集めている言語にJavaがあります（図2-14）。企業の実務だけでなく、大学などの授業でも使われており、利用者数が多いことが特徴です。

　JVMといわれる仮想マシン上でプログラムを実行するため、**JVMさえ動作すればどんな環境でも利用できます**。企業の基幹系システムやWebアプリの開発だけでなく、Androidアプリの開発にも用いられています。

幅広い分野で使われるC#

　Microsoft社が開発し、Windowsアプリ（.NET Frameworkアプリ）などの開発に多く使われている言語にC#があります。C++やJavaに近い文法で、後述するVisual Studioなどの統合開発環境を無料で使えるため、**初心者でも学びやすい言語**だといえます。

　GUIを備えたアプリ開発だけでなく、最近ではゲーム開発に使われるUnityでも代表的な言語として採用され、iOSやAndroidのアプリを開発できるXamarinに使われるなど、幅広い分野で用いられています。

図2-13 C言語の例（文字列の中のスペースの数を数えるプログラム）

> | count_space.c

```c
#include <stdio.h>

int count_space(char str[]){
    int i, count = 0;
    for (i = 0; i < strlen(str); i++)
        if (str[i] == ' ')
            count++;
    return count;
}

int main(){
    printf("%d\n", count_space("This is a pen."));
    return 0;
}
```

図2-14 Javaの例（文字列の中のスペースの数を数えるプログラム）

> | CountSpace.java

```java
class CountSpace {
    private int countSpace(String str){
        int count = 0;
        for (int i = 0; i < str.length(); i++)
            if (str.charAt(i) == ' ')
                count++;
        return count;
    }

    public static void main(String args[]){
        CountSpace cs = new CountSpace();
        System.out.println(cs.countSpace("This is a pen."));
    }
}
```

Point

⌇ ハードウェアを操作する必要があるソフトウェアや組込み機器で動くソフトウェアの開発にはC言語が現在も使われている

⌇ さまざまな環境で開発できる言語としてJavaが人気を集めている

» プログラミング言語の比較2

楽しく開発できて習得しやすいRuby

　日本人が開発し、世界的に人気のあるプログラミング言語にRubyが
あります（図2-15）。「書くのが楽しい」と言われることが多く、スト
レスなくプログラミングを楽しめる言語で、習得しやすいといわれてい
ます。

　Ruby on Railsというフレームワーク（**6-2**参照）が有名で、多くのWeb
アプリ開発に使われているだけでなく、**プログラミング教育などの現場で
も使われることが増えています**。

人気急上昇中のPython

　データ分析や統計などのライブラリが豊富で、最近は機械学習など人工
知能の開発においても多く使われている言語にPythonがあります（図
2-16）。他の多くの言語とは異なり、**インデントの深さによってブロック
を表現することが特徴**です。

　また、Raspberry PIなど小型のコンピュータでも標準的に搭載された
り、Webアプリの開発に使われたりすることも多く、プログラマの間で人
気が急上昇しています。多くの本も立て続けに出版され、資料が増えてき
ています。

すぐに使い始められるPHP

　多くのWebアプリで使われている言語にPHPがあります。レンタルサ
ーバーなどでは事前に導入されていることが多いため、環境構築の手間が
少なく、すぐに使い始められます。

　HTMLに埋め込んで使えるだけでなく、**Webアプリフレームワークが豊
富に提供されており、手軽に動的なWebページを作成できます**。初心者
でも開発しやすい言語のため、開発者が多く情報量も豊富です。

図2-15 Rubyの例（文字列の中のスペースの数を数えるプログラム）

> | count_space.rb

```ruby
def count_space(str)
    count = 0
    str.length.times do |i|
        if str[i] == ' '
            count += 1
        end
    end
    count
end

puts count_space("This is a pen.")
```

> | count_space2.rb（よく使われる書き方）

```ruby
puts "This is a pen.".count(' ')
```

図2-16 Pythonの例（文字列の中のスペースの数を数えるプログラム）

> | count_space.py

```python
def count_space(str):
    count = 0
    for i in range(len(str)):
        if str[i] == ' ':
            count += 1
    return count

print(count_space("This is a pen."))
```

> | count_space2.py（よく使われる書き方）

```python
print("This is a pen.".count(' '))
```

Point

- 最近のWebアプリ開発では、Ruby on Railsが有名なRubyや、PHPが多く使われている
- Pythonはデータ分析や統計、機械学習などで注目を集めている

» プログラミング言語の比較3

注目され続けるJavaScript

主にWebブラウザでの処理に使われる言語にJavaScriptがあります（図2-17）。Webページを遷移することなく動的にページの内容を書き換えたり、Webサーバーと非同期に通信したりするためによく使われます。最近では、JavaScriptに変換して使うTypeScriptという言語も注目を集めています。

Webアプリの開発では、ReactやVue.js、Angularなどのフレームワークが注目を集めており、JavaScriptやTypeScriptの知識だけでなくフレームワークに関する知識も求められるようになっています（**6-2**参照）。

使われる範囲はWebアプリに留まらず、Node.jsを使ったWebサーバー側のアプリ、Electronを使ったデスクトップアプリ、React Nativeを使ったスマホアプリなど、さまざまな用途での開発に使われることも増えています。

言語としてだけでなく、JavaScriptのデータ定義をもとにして、他のアプリとデータをやりとりするためにJSON（JavaScript Object Notation）という記法が使われることもあります。

テキストエディタとWebブラウザさえあれば開発を始められることから、学校で使う教科書などで採用されている場合もあり、今後も注目され続ける言語であることは間違いありません。

簡単な処理を自動化できるVBScriptやVBA

Microsoft社が開発したスクリプト言語で、Windows環境やWebブラウザ（Internet Explorer）で簡単な処理を記述できる言語にVBScriptがあります（図2-18）。デスクトップアプリの開発に多く使われたVisual Basicという言語をもとにしたもので、初心者向けの言語としてよく使われます。

WordやExcelなどで処理を自動実行するためによく使われるVBA（Visual Basic for Applications）と同様に、**ちょっとした手作業を自動化するために使われることが一般的**です。

図2-17　JavaScriptの例（文字列の中のスペースの数を数えるプログラム）

> | count_space.js

```javascript
function countSpace(str){
    let count = 0
    for (let i = 0; i < str.length; i++) {
        if (str[i] == ' ') {
            count++
        }
    }
    return count
}

console.log(countSpace("This is a pen."))
```

> | count_space2.js（よく使われる書き方）

```javascript
console.log("This is a pen.".split(' ').length - 1)
```

図2-18　VBScriptの例（文字列の中のスペースの数を数えるプログラム）

> | count_space.vbs

```vbscript
Option Explicit

Function CountSpace(str)
    Dim i, count
    For i = 1 To Len(str)
        If Mid(str, i, 1) = " " Then
            count = count + 1
        End If
    Next
    CountSpace = count
End Function

MsgBox CountSpace("This is a pen.")
```

Point

🖋 JavaScriptはWebブラウザ側で処理を実行する場合だけでなく、Webサーバー側やデスクトップのアプリなどさまざまな開発に使われている

🖋 VBScriptやVBAはWindowsでの自動化に多く使われている

» どこでも動かせるように する工夫

処理速度と手軽さの両立を目指す

スクリプト言語は手軽に実行できるという特徴を生かすため、インタプリタ形式で処理すると考えられますが、Webアプリのように何度も実行されることを考えるとコンパイルしておいた方が速度面で有利です。

そこで、見た目上は逐次変換しながら実行しているように見える言語でも、実際には**内部でコンパイル処理を行う**言語が増えています。このような言語はJIT（Just In Time）方式と呼ばれ、初回の実行時には処理に時間がかかりますが、2回目以降は実行速度を向上できます。

このため、最近ではコンパイラとインタプリタといった基準でプログラミング言語を分類することは難しくなっています。同じ言語でも、インタプリタの実装とコンパイラの実装の両方がある言語も少なくありません。

OSやCPUに依存しない形式

インタプリタ方式では、**ソースコードの文法に誤りがあっても実行するまで気づけません。**そこで、事前に文法チェックや構文解析などを行って、より機械語に近いバイトコード（中間コード）を生成する方法が使われることがあります（図2-19）。

バイトコードを使うことで、配布先のOSやCPUに合わせてコンパイルする必要がなく、汎用的な形式でプログラムを配布できます（図2-20）。利用する際には、このバイトコードを機械語に変換しながら実行するJIT方式が使われることが一般的です。

このような方法を採用しているプログラミング言語としてJavaが有名で、コンパイルして生成されたバイトコードがJava VM（仮想マシン）によって実行されます。Write Once, Run Anywhereという言葉が使われるように、プラットフォームに依存せずに実行できるという特徴があります。他にもWindowsの.NET FrameworkでもCILと呼ばれる中間言語が使われています。

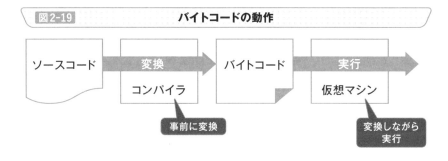

図2-19　バイトコードの動作

ソースコード → 変換 コンパイラ → バイトコード → 実行 仮想マシン →

事前に変換

変換しながら
実行

図2-20　バイトコードを使うメリット

バイトコードを使っていない場合

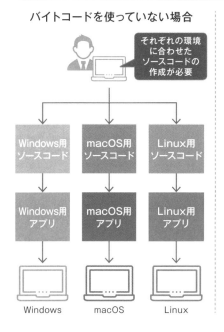

それぞれの環境
に合わせた
ソースコードの
作成が必要

| Windows用ソースコード | macOS用ソースコード | Linux用ソースコード |

| Windows用アプリ | macOS用アプリ | Linux用アプリ |

Windows　macOS　Linux

バイトコードを使っている場合

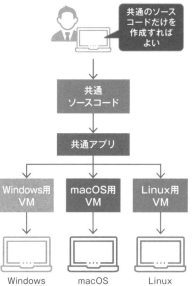

共通のソース
コードだけを
作成すれば
よい

共通ソースコード

共通アプリ

| Windows用VM | macOS用VM | Linux用VM |

Windows　macOS　Linux

Point

- インタプリタのように使える言語でも、初回に内部でコンパイル処理を行い、実行速度を高速化しているものが存在する
- バイトコードを使うことで、配布先のOSやCPUに合わせてコンパイルする必要がなくなり、開発者の負担が軽減できる

57

» プログラミング言語の選び方

目的に合わせて選ぶ

プログラミングを学んだり、プログラムを作ったりする目的は人によって違います。「自分の仕事を効率化したい」「ソフトウェアを販売して大儲けしたい」「新しいサービスを作って社会の役に立ちたい」という人もいれば、「将来のために学んでおきたい」という人もいるでしょう。

このように、目的を実現するための手段としてプログラミングがあります。つまり、その**目的を達成できるのであれば、どの言語を選んでも問題ありません**（図2-21）。実は、作りたい内容や実行環境が決まれば、実現できる言語の数はある程度絞られます。

例えば、Windowsのデスクトップアプリを作りたければC#やVB.NET、iPhoneアプリであればObjective-CやSwift、レンタルサーバーで動かすWebアプリであればPHPやPerl、Excelの処理を自動化したければVBAなどがよく使われます。

開発規模による影響で決まる

Webアプリを作りたい場合、プログラミング言語の選択肢は非常に多くなります。Webサーバー上でコンソールのアプリが作成できる言語であれば、基本的にどの言語でも実現できるため、その組織やプロジェクトでのスキルなど開発規模に大きく影響されます。

例えば、「開発メンバーが使い慣れているか」「新たな人員を採用しやすいか」「問題が発生したときにサポートが受けられるか」「資料が豊富に用意されているか」など、さまざまな理由で使用する言語が選ばれます。

大規模なシステムの場合はJava、レンタルサーバーなどで作られる中〜小規模の場合はPHP、スタートアップの場合はRuby（Ruby on Rails）やPython、Goなどが多く使われています。また、図2-22のようなプログラミング言語の人気ランキングを参考にする方法もあります。

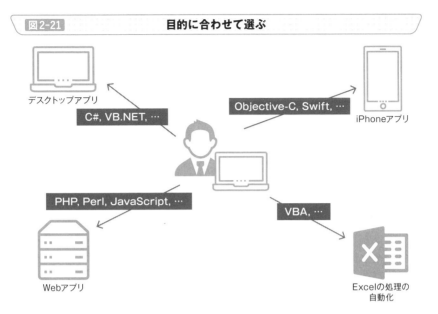

図2-21 目的に合わせて選ぶ

デスクトップアプリ

C#, VB.NET, …

Objective-C, Swift, …

iPhoneアプリ

PHP, Perl, JavaScript, …

VBA, …

Webアプリ

Excelの処理の
自動化

図2-22 プログラミング言語の人気ランキング（2020年5月現在）

順位	言語	利用率	順位	言語	利用率
1	C	17.07%	6	Visual Basic	4.18%
2	Java	16.28%	7	JavaScript	2.68%
3	Python	9.12%	8	PHP	2.49%
4	C++	6.13%	9	SQL	2.09%
5	C#	4.29%	10	R	1.85%

出典：TIOBE Index for May 2020（URL：https://www.tiobe.com/tiobe-index/）をもとに作成

Point

- どのプログラミング言語を使うか迷ったときは、作りたい内容や実行環境を考えることから始めるとよい
- 組織やプロジェクトの開発規模などにより、使用する言語がすでに決まっている場合もある
- プログラミング言語の人気ランキングを参考にする方法もある

≫ 入力と出力

入力と出力がプログラムの基本

　プログラムとは与えられた入力を処理し、何らかの出力を行うものだと考えられます。入力の有無にかかわらず同じ結果が得られるのであれば、プログラムを作る必要はありません。また、出力が得られないのであれば、何のために入力しているのかわかりません。

　私たちが使っているプログラムも、図2-23のように、**いずれも入力と出力のペアが存在すると考えられます。**

　プログラムの入力と出力の例としてわかりやすいのは、キーボードからの入力を処理し、処理結果をディスプレイに表示することでしょう（図2-24）。シンプルなプログラムであれば、コンソールで入力し、処理結果をコンソールに出力します（図2-25）。このようにコンソールでのキーボードからの入力が標準入力（STDIN）、ディスプレイ（コンソール）への出力が標準出力（STDOUT）として割り当てられています。

　プリンターに印刷するプログラムの場合は、入力がファイルで、出力がプリンターへの印刷です。**複数のプログラムを連携して動かす場合には、他のプログラムでの出力結果を入力として、処理結果を他のプログラムに渡すようなものも存在します。**

　この標準入力にファイルや他のプログラムなどを割り当てると同じプログラムで（プログラムを変更せずに）いずれの入力も処理でき、標準出力にファイルや他のプログラムなどを割り当てると出力先を切り替えられます。

エラーは標準エラー出力に出力する

　標準入力と標準出力だけでは、エラーがあった場合にエラーメッセージが標準出力に出力されてしまいます。そこで、エラー出力する先として**標準エラー出力が用意されています。**

　これにより、エラーがあった場合は他のファイルなどに出力できます。

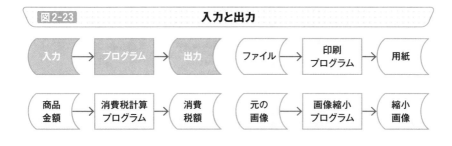

図2-23　入力と出力

図2-24　標準入出力

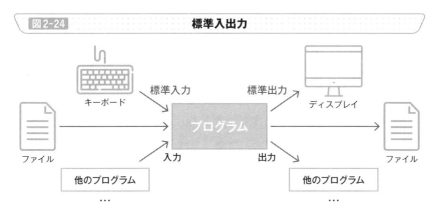

図2-25　コンソールでの標準入力、標準出力の切り替え

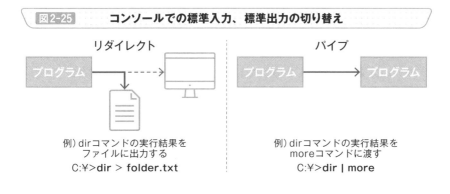

リダイレクト

例）dirコマンドの実行結果を
ファイルに出力する
C:¥>dir > folder.txt

パイプ

例）dirコマンドの実行結果を
moreコマンドに渡す
C:¥>dir | more

Point

- 一般的にはコンソールでのキーボードからの入力が標準入力に、ディスプレイ（コンソール）への出力が標準出力に割り当てられている
- リダイレクトやパイプを使って、標準入力や標準出力を切り替えられる

≫ プログラムを作成する環境

シンプルで高速に動作するエディタ

　ソースコードはテキスト形式なので、Windowsに付属する「メモ帳」などで作成することもできます。しかし、より便利な機能を備えたエディタ（テキストエディタ）が使われることが一般的です（図2-26）。

　エディタを使うと、ソースコードで登場する**予約語などに色をつけてわかりやすく表現できる**だけでなく、**検索や置換、入力の自動補完などの機能**を活用できます。これにより、ソースコードの入力スピードが上がるだけでなく、正確性の向上にもつながります。

　次に示すようなIDEやRADツールよりも高速に起動し、効率よく動くことから、多くの開発者が使用しています。

開発を支援する豊富な機能を持つIDE

　エディタよりも豊富な機能を持つソフトウェアにIDE（統合開発環境）があります（図2-27）。ソースコードを作成するだけでなく、**1つのプロジェクトとして複数のソースコードをひとまとめに扱えて、デバッグやコンパイル、実行などを1つのソフトウェアで行うことができます。**

　ソースコードだけでなく画像ファイルなども管理でき、バージョン管理などの機能を備えたものもあります。エディタよりも起動に時間はかかりますが、初心者でもマウスで操作できるメリットもあります。

GUIで部品を配置できるRADツール

　Windowsアプリやスマホアプリなどの場合、利用者はマウスやタップでボタンなどを操作します。これらの機能を開発する場合も、GUIでボタンやテキストエリアを配置できるツールが使われています。

　このようなツールをRAD（Rapid Application Development）といい、ソースコードを入力するよりも高速に開発できるため、多く使われています。

図2-26　　エディタの例

Visual Studio Code

Vim

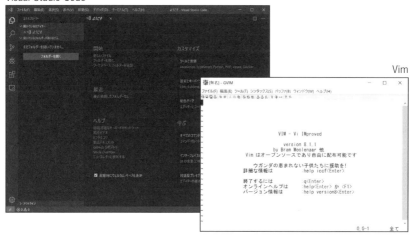

図2-27　　IDEの例

XCode

Visual Studio

Point

🖉 ソースコードを書くとき、エディタやIDEを使うと効率よく開発できる

🖉 IDEは豊富な機能があるが、起動に時間がかかるためちょっとしたプログラムはエディタを使うと便利である

やってみよう

コマンドラインの操作に慣れよう

　プログラムを作成するときには、テキストエディタやIDEを使うだけでなく、コマンドラインでの操作が必要になることが少なくありません。デスクトップアプリやスマホアプリの開発では、IDEだけで済むことも最近は増えていますが、Webアプリの場合はLinuxに関する知識は必須です。

　WindowsではコマンドプロンプトやPowerShellのコマンド、LinuxやmacOSではUNIX系のコマンドをあらかじめ知っておかないと、何も操作できない状況になってしまいます。

　自分の使っている環境に合わせたコマンドを実行して、ファイルやフォルダを操作してみましょう。ここでは、Windowsで簡単なコマンドを実行してみます。スタートメニューから「Windowsシステムツール」の中にある「コマンドプロンプト」を起動し、以下の太字部分のコマンドを実行してみてください。

```
C:¥Users¥xxx>cd C:¥              ←「C:¥」に移動
C:¥>dir                          ←フォルダ内のファイルの一覧を表示
C:¥>mkdir sample                 ←「sample」というフォルダの作成
C:¥>cd sample                    ←作成した「sample」フォルダへの移動
C:¥sample>echo print('Hello World') > hello.py
                                 ←サンプルのPythonプログラムを作成
C:¥sample>type hello.py          ←作成したプログラムの中身を確認
C:¥sample>del hello.py           ←作成したプログラムを削除
C:¥sample>cd ..                  ←1段上のフォルダへの移動
C:¥>rmdir sample                 ←作成したフォルダの削除
```

　このように、フォルダの移動やファイルの作成、削除などを実行するコマンドを知っておくだけでも、マウスを使わずにさまざまな操作ができることがわかります。ぜひ他のコマンドや、上記のコマンドのオプションなどについても調べてみてください。

数値とデータの扱い方

～どのように値を持つのが理想？～

» コンピュータでの
数字の扱いを知る

日常生活でよく使う10進数

商品の金額や物の長さなどを表現するとき、私たちは0〜9の10個の数字を各桁に用いた値を使います。1桁で足りなければ10の位、2桁で足りなければ100の位のように0〜9の数字を使う桁を増やしていきます。このような数の表し方を10進数といいます。

10進数が使われるのは、「人間の指が両手で10本だから、数を数えやすいため」だと考えられています。

コンピュータに便利な2進数

コンピュータは電気的に動く機械なので、「**オン**」「**オフ**」で**制御する方法**が適しています。そこで、「0」と「1」の2つの値を使う2進数がよく使われます。10進数と同じように、1桁で足りなくなれば桁を増やしていきます。

10進数とは、図3-1のように対応しています。このとき、「10」と書くと10進数の10なのか2進数の10なのかわからないため、右下に基数※1を書くことが一般的で、10進数の18は2進数で$10010_{(2)}$のように表します。

足し算や掛け算は、2進数では図3-2のような決まりがあります。これを使うと、10進数の3×6は、2進数では$11_{(2)} \times 110_{(2)} = 10010_{(2)}$のように計算でき、図3-1から10進数の18を求められます。

桁数を減らすために使われる16進数

2進数でも数を表現できますが、数が大きくなると、その桁数は急激に増えていきます。例えば、10進数の255は2進数では$11111111_{(2)}$のように8桁の値になります。また、0と1が多く並んでいると、人間にとってはわかりにくいため、0〜9の数字に加えてA、B、C、D、E、Fの16種類を使って表す16進数がよく使われています。

※1　基数：1つの桁に使われる値の個数。2進数では2、10進数では10。

図3-1 **10進数と2進数、16進数の対応表**

10進数	2進数	16進数	10進数	2進数	16進数
0	0	0	16	10000	10
1	1	1	17	10001	11
2	10	2	18	10010	12
3	11	3	19	10011	13
4	100	4	20	10100	14
5	101	5	21	10101	15
6	110	6	22	10110	16
7	111	7	23	10111	17
8	1000	8	24	11000	18
9	1001	9	25	11001	19
10	1010	A	26	11010	1A
11	1011	B	27	11011	1B
12	1100	C	28	11100	1C
13	1101	D	29	11101	1D
14	1110	E	30	11110	1E
15	1111	F	31	11111	1F

第3章 コンピュータでの数字の扱いを知る

図3-2　**2進数の演算**

足し算	掛け算	足し算の例	掛け算の例
0 + 0 = 0	0 × 0 = 0	100	11
0 + 1 = 1	0 × 1 = 0	+ 111	× 110
1 + 0 = 1	1 × 0 = 0	1011	11
1 + 1 = 10	1 × 1 = 1		11
			10010

Point

⟋ 10進数では0〜9の10種類の数字を使うが、2進数では0と1の2種類、16進数では0〜9にAからFを加えた16種類で表現する

⟋ コンピュータは2進数で処理を行うが、そのまま表示すると桁数が多くなるため、16進数で表現することがある

» 2進数での処理を知る

繰り上がりが存在しない論理演算

　2進数でも、10進数と同様に足し算や掛け算などの演算ができました。それ以外に、「0」と「1」を「偽」と「真」という真理値（論理値）に対応づけて**演算に使う方法**があり、これを論理演算（ブール演算）といいます。

　論理演算には図3-3の「AND演算」「OR演算」「NOT演算」「XOR演算」などがあり、その結果を表にしたものを真理値表といいます（図3-4）。AND、OR、XORの演算は、aやbという2つの値に対して、NOT演算はある値に対して、それぞれの結果が得られます。

　コンピュータの回路図を表現するときには、論理回路の回路記号を使います。論理回路には、上記で紹介した論理演算に対応する記号があり、MIL記号とも呼ばれています。

桁単位で処理するビット演算

　論理演算は桁の繰り上がりが発生しないため、各桁で処理できます。そこで、すべてのビットに対する論理演算をまとめて行う方法にビット演算があります。

　例）10010 AND 01011 = 00010, 10010 OR 01011 = 11011

　なお、ビット演算には、AND、OR、NOT、XORの他にも、シフト演算がよく使われます。名前の通り、桁をシフト（移動）する演算で、左シフトの場合はすべてのビットを左に、右シフトの場合はすべてのビットを右に移動します（図3-5）。

　2進数の特徴から、左に1ビットシフトすると値が2倍に、右に1ビットシフトすると値が半分になります。シフト演算はビットを移動するだけなので、筆算で2倍したり、2で割ったりするよりも高速に処理できます。例えば、3倍するときは1ビット左シフト（2倍）したものと元の数を足し算するだけ、6倍するときは1ビット左シフト（2倍）したものと2ビット左シフトしたもの（4倍）を足し算するだけで求められます。

図3-3		論理演算

論理積 (a AND b)

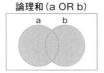
論理和 (a OR b)

論理否定 (NOT a)

排他的論理和 (a XOR b)

図3-4		真理値表

AND演算 (a AND b)

a ＼ b	0（偽）	1（真）
0（偽）	0（偽）	0（偽）
1（真）	0（偽）	1（真）

OR演算 (a OR b)

a ＼ b	0（偽）	1（真）
0（偽）	0（偽）	1（真）
1（真）	1（真）	1（真）

NOT演算 (NOT a)

a	NOT a
0（偽）	1（真）
1（真）	0（偽）

XOR演算 (a XOR b)

a ＼ b	0（偽）	1（真）
0（偽）	0（偽）	1（真）
1（真）	1（真）	0（偽）

図3-5		ビット演算の例

NOT演算

10010110
↓↓↓↓↓↓↓↓
01101001

各ビットに対して
同じ論理演算を
一括で処理

AND演算

11011100
↓↓↓↓↓↓↓↓
10010100
↑↑↑↑↑↑↑↑

10110110

左シフト

10010110
↓
1001011000

2ビット左にシフト
（右端を0で埋める）

右シフト

10010110
↓
10010

3ビット右にシフト
（右端は切り捨てる）

Point

✐ ビット演算では、すべてのビットに対して論理演算を行う
✐ シフト演算を使うと2倍にするなどの計算を高速に処理できる

第3章 2進数での処理を知る

69

》 計算の基本を理解する

計算は基本的に算数と同じ

　プログラミング言語の多くは、人間が見たときにわかりやすくするために、四則演算を算数と同じように表現します。例えば、足し算は「2 + 3」、引き算は「5 - 2」のように数の間に演算子を挟んで表記します。

　なお、掛け算で使う記号「×」は全角文字なので、プログラミングでは半角文字の「*」という記号を使います。また、割り算も同様で「÷」の代わりに「/」という記号を使い、「3 * 4」や「8 / 2」のように記述します（図3-6）。

計算の優先順位も算数と同じ

　1つの計算式の中で、足し算と掛け算などを組み合わせて使いたい場合があります。例えば、「1 + 2 * 3」を求めるとき、算数では先に掛け算を、後で足し算をするので、この答えは「7」となります。

　プログラミングでも同様で、掛け算が先で、足し算が後に計算されます。これを「演算子の優先順位」といいます。言語によって若干異なりますが、基本的には図3-7のような順番になっています。

　この優先順位を変えるには、算数と同様に括弧を使います。例えば、「(1 + 2) * 3」と書くと、先に1 + 2を計算し、その結果に対して3を掛けますので、結果は「9」になります。

よく使われる剰余

　プログラミングでは「剰余」をよく使います。算数では「あまり」という、**割り算をして割り切れないときに残った部分**のことです。図3-8のように、あまりは周期的に同じ値が繰り返し発生するため、定期的に同じ処理を行うプログラミングでは使いやすいのです。例えば、伝票の1行ごとに色を変える、時間を分、分を秒に変えるなどの計算も簡単です。

図3-6	C言語、Pythonでの実装例

> | C言語の例

```c
#include <stdio.h>

int main(){
    printf("%d\n", 5 + 3); // 足し算
    printf("%d\n", 5 - 3); // 引き算
    printf("%d\n", 5 * 3); // 掛け算
    printf("%d\n", 5 / 3); // 割り算
    printf("%d\n", 5 % 3); // 剰余
}
```

> | Python の例

```python
print(5 + 3) # 足し算
print(5 - 3) # 引き算
print(5 * 3) # 掛け算
print(5 // 3) # 割り算（整数）
print(5 / 3) # 割り算（小数）
print(5 % 3) # 剰余
```

第3章 計算の基本を理解する

図3-7	演算子の優先順位

優先順位	演算子	内容
高	**	べき乗
	*, /, %	乗算、除算、剰余
	+, -	加算、減算
	<, <=, ==, !=, >, >=, など	比較演算子（**3-5**を参照）
	not	論理NOT
	and	論理AND
低	or	論理OR

図3-8	剰余の特徴（5で割ったとき）

同じ値が繰り返し生成される

数値	剰余	数値	剰余	数値	剰余
0	0	5	0	10	0
1	1	6	1	11	1
2	2	7	2	12	2
3	3	8	3	13	3
4	4	9	4	14	4

Point

- 四則演算の演算順序は普段使うものと同じで、掛け算や括弧を使って計算の順番を変えられる
- 剰余を使うと、周期的に登場する値を簡単に処理できる

コンピュータに記憶させる

データを保存しておく場所としての変数

プログラムで値を格納する場所を指定する方法に、変数と定数の2つがあります（図3-9）。

数学の方程式などでは、求めたい値に使う x や y といった記号を変数といいます。これはその値が変わることを意味しますが、プログラミングの場合も実行中に値が変わる**さまざまなデータをメモリ上に格納する**ときに変数を使います。

何度も複雑な計算をする場合、それらに共通する計算を事前に行ってその計算結果を格納しておけば、処理の中で結果を再利用できて効率的です。そこで、**途中のデータを保存する場所を確保し、その場所に名前をつけます**。この名前を指定すると、格納されている値を読み出せます。

上記の例では値を書き換える必要はありませんが、繰り返して処理をしたい場合など、値を変えたい場合もあります。掛け算の九九を計算する場合、1から9までの数を全部書くよりも、変数に1から9までの値を格納して変えながら処理すると、プログラムが見やすくなります（図3-10）。

一度格納したデータを書き換えられない定数

変数は、格納されているデータを書き換えることができます。つまり、何度でも値が変わる可能性があり、その中身を見ないと何が格納されているかわかりません。ある開発者が格納した値は、他の処理で書き換えられている可能性があります。これは、プログラムの内容によっては**不具合が発生するリスクが高まる**ことを意味します。

そこで、**一度格納したデータを書き換えられない**ようにしたものに定数があります（図3-11）。定数は変数と同じように、同じ値を複数の箇所で使う場合も、その値を何度も書く必要がありません。定数を使えば、データを変更しようとした時点でエラーとなります。修正時にわかりやすいだけでなく、名前を見ればどんな値なのかも理解できます。

図3-9	変数と定数

変数

何度でも書き換え可能

定数

一度だけ書き込み可能

図3-10	繰り返し処理での変数

> | 変数を使わない場合

```
print("%d * %d = %d" % (1, 1, 1 * 1))
print("%d * %d = %d" % (1, 2, 1 * 2))
print("%d * %d = %d" % (1, 3, 1 * 3))
...
print("%d * %d = %d" % (9, 7, 9 * 7))
print("%d * %d = %d" % (9, 8, 9 * 8))
print("%d * %d = %d" % (9, 9, 9 * 9))
```

【実行結果】
```
1 * 1 =   1
1 * 2 =   2
1 * 3 =   3
    ⋮
9 * 7 = 63
9 * 8 = 72
9 * 9 = 81
```

> | 変数を使う場合

```
for i in range(1, 10):      ←変数iを使用
    for j in range(1, 10):  ←変数jを使用
        print("%d * %d = %d" % (i, j, i * j))
```

図3-11	定数を使う例

```
PI = 3.14          ←円周率
ROOT_DIR = '/'     ←システムのルートディレクトリ
```

Point

- 変数を使うと、一時的に値を記録しておくことができ、その内容を書き換えられる
- 定数を使うと、一度格納した値を書き換えられないため、変数のように使っても、誤って値を書き換えてしまうことを防げる

》 数学における「=」との違い

変数に値を格納する

数学では文字や数が表す数値を値といいます。プログラミングでも同様で、値を表現するためにさまざまな数値表現が使われています。また、変数に値を格納することを代入といいます（図3-12）。

変数に代入することで、その変数が指す領域に値を格納できます。このとき、**それまでにその変数に格納されていた値は上書きされます**。例えば、「x = 5」という処理は「xに5を代入する」という意味があり、それ以前に変数xに何が格納されていたとしても、それ以降にxを使うと5という値を読み出せます。

変数の名前を指定することで、その変数に格納されている値を読み出せるので、「x = x + 1」という書き方が使われることもあります。数学的には適切ではありませんが、プログラミングではこれまでのxに1増やした値を、もう一度xに代入することを意味します。つまり、「x = 5」の後に「x = x + 1」を実行すると、xの値は6になります。

2つのデータの関係を比較する

数学で、数の大小を比較する場合、「>」や「<」、「=」などを使います。プログラミングにおいても、条件分岐で大小を比較したいといった場合は、数学と同じように記号を用いて、比較演算子を使います（図3-13）。

例えば、「xがyよりも小さい」ことを調べたい場合は「x < y」、「xがyよりも大きい」ことを調べたい場合は「x > y」と書きます。しかし、「xがyと等しい」ことを調べたい場合、多くの言語では「x == y」というように「=」を2つ並べて書きます。その理由は、代入で「=」を使っているからです。なお、VBScriptなどの言語では代入と比較に同じ「=」を使いますし、Pascalのように代入には「:=」を、比較には「=」を使うような言語もあります。

また、等しくないことを「x <> y」や「x != y」と書きます。

図3-12　代入と同時に計算する例

> | Python の場合

```
a = 3          ←aに3を代入
print(a)       ←「3」が出力される
a += 2         ←aに2を足した値をaに代入（a = a + 2と同じ）
print(a)       ←「5」が出力される
a -= 1         ←aから1を引いた値をaに代入（a = a - 1と同じ）
print(a)       ←「4」が出力される
a *= 3         ←aに3を掛けた値をaに代入（a = a * 3と同じ）
print(a)       ←「12」が出力される
a //= 2        ←aを2で割った値をaに代入（a = a // 2と同じ）
print(a)       ←「6」が出力される
a **= 2        ←aを2乗した値をaに代入（a = a ** 2と同じ）
print(a)       ←「36」が出力される
```

図3-13　比較演算子（Pythonの場合）

比較演算子	意味
a == b	a と b が等しい（値が同じ）
a != b	a と b が等しくない（値が同じでない）
a < b	a より b が大きい
a > b	a より b が小さい
a <= b	a より b が大きいか等しい
a >= b	a より b が小さいか等しい
a <> b	a と b が等しくない（値が同じでない）
a is b	a と b が等しい（オブジェクトが同じ）
a is not b	a と b が等しくない（オブジェクトが同じでない）
a in b	a という要素がリスト b に含まれる
a not in b	a という要素がリスト b に含まれない

Point

🖊 代入することで変数に値を格納できる

🖊 2つの値を比較するには、比較演算子を使う

≫ 読む人がわかりやすい名前

変数名などに使えない予約語

変数につけられる名前（変数名）には、プログラミング言語によって制限があります。例えば、Pythonでは1文字目にアルファベットかアンダースコア (_)、2文字目以降はアルファベット、数字、アンダースコアを使用します。なお、変数名の長さに制限はなく、大文字と小文字は区別されます（図3-14）。

このルールに従っていても、**変数名として使えないものがプログラミング言語によって決められています。**例えば、多くの言語では「if」を条件分岐に使うため、「if」という名前の変数は定義できません。

このように、変数名などに使えないように事前に決められているキーワードを予約語といいます（図3-15）。予約語はプログラミング言語によって異なり、制御構文として現在使われているものだけでなく、将来のために確保（まさに予約）されている場合もあります。

ソースコード中に登場するリテラルとマジックナンバー

ソースコードに登場する文字や数字などのことをリテラルといいます。例えば、「x = 5」のように書いて変数や定数に代入するとき、この「5」はリテラルです。

ただ値を書いただけでは、**ソースコードを書いた本人以外には意味がわかりません。**このような値をマジックナンバーといい、プログラマの間では保守が難しくなるため好まれません（図3-16）。

例えば、「s = 50 * 20」では、50や20が何の値なのかわかりません。しかし、「width = 50」「height = 20」とあり、「s = width * height」と書いてあると、長方形の面積を求める式だとわかります。

同じ計算であっても、「price = 50」「count = 20」と指定されており、「s = price * count」と書いてあるなら、単価と個数で合計金額を求めていると判断できます。

図3-14 **Pythonで使える変数名と使えない変数名の例**

> 使える名前の例	> 使えない名前の例
tax_rate Python3	8percent 10times

※ Pythonのコーディング規約PEP-8では、変数名はすべて小文字で、アンダースコアで区切ることが推奨されている。

図3-15 **Python 3.7における予約語一覧**

False	None	True	and	as	assert	async
await	break	class	continue	def	del	elif
else	except	finally	for	from	global	if
import	in	is	lambda	nonlocal	not	or
pass	raise	return	try	while	with	yield

図3-16 **マジックナンバー**

面積なら縦×横
だから簡単だ…

$$s = 50 * 20$$

この式は何だろう？
単価×個数かな？

ソースコードを読む人が
すぐに理解できない

Point

- 変数名にはアルファベットや数字、アンダースコアなどを使うが、予約語として指定されているキーワードは使えない
- ソースコード中に突然数字が登場すると、見た目から意味がわからないため、適切な名前をつけた定数などに格納してから使用することが望ましい

≫ コンピュータで数字を扱う

整数を扱う値

変数は格納する値の型によって確保する大きさが異なります。例えば、0か1かの2通りしか現れない値を格納するために大きな領域を確保すると、使われない領域のせいでメモリが不足してしまいます。

そこで、よく使われる値に対し、**その値の種類に応じて、格納するのに十分な大きさが事前に決められています**。中でも、よく使われるものに整数があります。商品の金額や個数、順位、ページ数など、私たちの身の回りには整数があふれています。

コンピュータは計算機と訳されるように計算が得意な機械で、整数を扱うことは必須です。最近のコンピュータでは、整数を格納するために整数型が用意されています。扱う数の大きさによって32ビットや64ビットの領域を確保する型が使われることが一般的です（図3-17）。

小数を扱う値

端数や割合、単位を変換した場合など、小数を使う場合もあります。小数も2進数で扱う必要があるため、浮動小数点数という表現方法を使います（図3-18）。IEEE 754という規格で標準化されており、単精度浮動小数点数（32ビット）と倍精度浮動小数点数（64ビット）がよく用いられます。

これは、符号部と指数部、仮数部に分けて固定長で表現する方法で実数型とも呼ばれ、多くのプログラミング言語で採用されています。実数型を使えば整数も小数も表現できますが、**実数型はあくまでも近似値※2の可能性があり、大きな値でも正確さが求められる場合には整数型を使います**。

真理値を扱う値

プログラミング言語によっては、真と偽という真理値（論理値）を扱う論理型（ブール型）が用意されているものもあります。

※2 近似値：正確な値が表現できないなどの場合に使う、本来の値に近い値のこと。

図3-17		整数型で扱える数の大きさ
サイズ	符号あり（符号つき）	符号なし
8ビット	-128〜127	0〜255
16ビット	-32,768〜32,767	0〜65,535
32ビット	-2,147,483,648〜2,147,483,647	0〜4,294,967,295
64ビット	-9,223,372,036,854,775,808 〜9,223,372,036,854,775,807	0〜 18,446,744,073,709,551,615

図3-18	浮動小数点数の表現

単精度浮動小数点数（32ビット）

符号 (1ビット)	指数部 (8ビット)	仮数部 (23ビット)

倍精度浮動小数点数（64ビット）

符号 (1ビット)	指数部 (11ビット)	仮数部 (52ビット)

【10進数の小数から浮動小数点数への変換】
❶ 符号ビット：プラス→0、マイナス→1
❷ 絶対値を2進数に変換
❸ 小数点の位置を移動（先頭が1になるように）
❹ 仮数部は先頭の1以外を桁数分取り出す
❺ 指数部に127を足して2進数に変換

例）-123.45$_{(10)}$

❷ 123.45$_{(10)}$=1111011.0111001100110011…$_{(2)}$

❸6桁 ⟶ ❺6+127=133$_{(10)}$=10000101$_{(2)}$

例）0.012345$_{(10)}$

0 01111000 10010100100001010101110

❷ 0.012345$_{(10)}$=0.00000011001010010000101 0$_{(2)}$

❸7桁 ⟶ ❺-7+127=120$_{(10)}$=01111000$_{(2)}$

Point

✐ 整数型には符号ありと符号なしがあり、そのサイズによって、扱える数の大きさが異なる

✐ 実数型は浮動小数点数で扱うが、その値は近似値の可能性がある

≫ 同じ型のデータをまとめて扱う

事前に領域を確保するか実行時に領域を増減するか

同じ型のデータを連続的に並べたものを配列といい、配列内の個々のデータを要素といいます。配列を使うことで、**複数のデータをまとめて定義できる**だけでなく、それぞれの要素に通し番号がつくため、**先頭からの番号の添字（インデックス）を指定してアクセスできます**。

例えば、10個の箱があり、それぞれの箱が整数型の要素だとします（図3-19）。すると、先頭から順に0番目の要素、1番目の要素、……、9番目の要素となります。このように添字は0から始まることが一般的です。

なお、**事前に箱の数（配列のサイズ）を決めて確保する配列**のことを静的配列といいます。事前にサイズがわかっている場合は高速に処理できますが、想定したサイズよりも多くのデータを格納することはできません。

与えられるデータの量がわからないなど、配列の要素数として必要なサイズが実行前に不明な場合は、**実行時に領域を増減する方法**が使われます。これは動的配列と呼ばれ、必要に応じて要素数を変更できますが、処理に少し時間がかかります。

なお、配列に要素を追加する場合に、配列の途中に要素を追加すると、それ以降の要素はすべて移動する必要があります。これは削除する場合も同様で、先頭から連続してアクセスできるようにするには、後ろの要素を前に移動する必要があります（図3-20）。

配列の中に配列を入れる

配列に格納できる要素は整数型だけでなく、小数や文字なども可能です。また、要素として配列を格納することもでき、多次元配列といいます。多次元配列を使うことで、図3-21のように、表形式のデータも扱うことが可能になります。

図3-19　配列

添字

	price[0]	price[1]	price[2]	price[3]	price[4]	price[5]	price[6]	price[7]	price[8]	price[9]
price	837	294	174	305	812	363	746	902	136	425

要素

図3-20　配列への挿入と削除

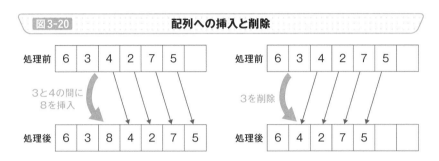

処理前　6　3　4　2　7　5

3と4の間に8を挿入

処理後　6　3　8　4　2　7　5

処理前　6　3　4　2　7　5

3を削除

処理後　6　4　2　7　5

図3-21　多次元配列

a[0][0]	a[1][0]	a[2][0]	…	…	…	a[7][0]
a[0][1]	a[1][1]	a[2][1]	…	…	…	a[7][1]
…						
…						
a[0][4]	a[1][4]	a[2][4]	…	…	…	a[7][4]

Point

- 配列を使うと複数の値をまとめて定義でき、先頭からの番号を指定して、各要素に直接アクセスできる
- 配列の途中に要素を追加したり、途中の要素を削除したりする場合は、残りの要素の移動が必要なため、要素数が多いと処理に時間がかかる

» コンピュータで文字を扱う

アルファベットや数字を扱うASCII

コンピュータでは数を使うだけでなく、文字の入力や出力が可能です。このとき、コンピュータの内部では**文字も整数として扱われており、その数に対応している文字を表示します。**

例えば、「A」という文字に65（16進数で41）、「B」には66（16進数で42）、「C」には67（16進数で43）、というように対応する整数が割り当てられています。一般的に、アルファベットや数字の場合はASCIIという文字コード（対応表）がよく使われ、図3-22に表されているように16進数で表現します。

アルファベットの大文字と小文字は52種類ありますが、これに加えて0から9の10種類、一部の記号や制御文字※3などを表現するには128種類あれば十分です。128種類を表現するには7ビットで十分ですが、ASCIIではこの7ビットに1ビットを加え、多くのコンピュータで最小単位である1バイト（8ビット）で処理します。

コンピュータで文字列を処理するには

文字は1文字ずつ扱いますが、単語や文章のように複数の文字を並べたものを文字列といいます。コンピュータで文字列を処理するときは、**1文字ずつではなく一連のまとまりを配列に格納**して使います。

C言語をはじめとして、多くのプログラミング言語では文字列を格納するために十分な長さの配列を確保し、その中に必要な文字を格納しています。このとき、その文字列が配列の中でどこまで埋めているのか、終了位置として NULL文字という制御文字（終端文字）を使います（図3-23）。

C言語では、文字を表すときはシングルクォート（'）で、文字列を表すときはダブルクォート（"）で囲って表現します。それだけでなく、JavaやRuby、Pythonなどの言語のように文字列を表す型（クラス）が用意されている言語もあります。

※3　制御文字：ディスプレイやプリンターなどに特別な動作をさせるために使われる特殊な文字のこと。

図3-22						ASCIIによる表現										
	-0	-1	-2	-3	-4	-5	-6	-7	-8	-9	-A	-B	-C	-D	-E	-F
0-																
1-																
2-	SP	!	"	#	$	%	&	'	(	)	*	+	,	-	.	/
3-	0	1	2	3	4	5	6	7	8	9	:	;	<	=	>	?
4-	@	A	B	C	D	E	F	G	H	I	J	K	L	M	N	O
5-	P	Q	R	S	T	U	V	W	X	Y	Z	[	\	]	^	_
6-	`	a	b	c	d	e	f	g	h	i	j	k	l	m	n	o
7-	p	q	r	s	t	u	v	w	x	y	z	{	|	}	~	

※グレー部分は制御文字を表す。

図3-23　文字列

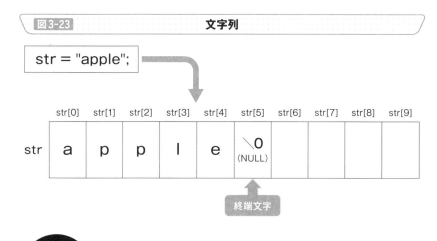

Point

- 文字をコンピュータで表現するとき、文字コードによって数値と対応づけている
- 複数の文字を並べたものを文字列といい、C言語などの場合は配列を確保して1つずつ文字を格納し、最後に終端文字を入れて終了位置を判断している

» 日本語を扱うときの注意点

複数ある日本語の文字コードと文字化け

　ASCIIでは最大で128種類の文字を扱いましたが、日本語ではひらがなやカタカナ、漢字があり、128種類では不足してしまいます。そこで、1バイトではなく2バイト以上を使って表現する方法が用いられています。

　2バイト使って日本語を表現する文字コードとして、Shift_JISやEUC-JP、JISコードなどがよく使われていました。2バイトを使えば、最大で65,536通りの文字を表現できます。

　しかし、**複数の文字コードが存在すると、異なるコンピュータ間でデータをやりとりするときに、正しく表示されない**状況が発生します。例えば、少し前のWindowsではShift_JISが一般的に使われていましたが、UNIX系OSではEUC-JPが使われていました。ファイルを作成した環境と同じ文字コードでファイルを開かないと、文字が正しく表示されません。これを文字化けといいます（図3-24）。

　また、日本語だけでなく世界中の文字を扱う場合にも問題が発生します。中国語や韓国語、その他の国々でも個別に文字コードが用意されており、これらの文字コードで作成されたファイルを表示するときにも不便な状況になっていました。

扱える文字が大幅に増えたUnicode

　文字化けや、複数の文字コードを処理する必要があるという状況を解決するために考えられたのがUnicodeです（図3-25）。国際的な文字集合のことで、今までの文字コードと比べ、扱える文字数が大幅に増えていることが特徴です。

　ここで、**Unicodeは文字コードではなく文字集合である**ことに注意が必要です。この文字集合をどのようなコードで表現するか、という符号化方式としてUTF-8やUTF-16などがあり、最近では、UTF-8が使われる場面が増えています。

図3-24　　　　　　　　　　文字化けの発生

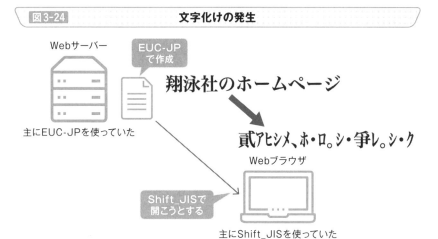

図3-25　　　　　　　　　　国際的なUnicode

全部同じ文字コードで処理できる

Point

- 日本語の文字コードは複数存在し、正しく指定しないと文字化けが発生する
- 最近では、国際的な文字集合であるUnicodeが使われ、符号化方式としてUTF-8が主流である

≫ 複雑なデータ構造を表現する

型の異なるデータをまとめて扱う

　ある学校で生徒の成績を処理したい場合、生徒の名前の配列とテストの点数の配列を用意する方法が考えられます。しかし、それらを別々の配列で管理するのではなく、1人の生徒の成績は1つのデータにまとめて管理したいものです。

　配列では同じ型のデータしか扱えませんが、**関連する複数の項目を異なる型でもまとめて扱う方法**に構造体があります（図3-26）。構造体を使うには、最初に構造体を使った型を定義し、その定義した型を利用する変数を宣言する必要があります。

　例えば、生徒の名前と点数をまとめた型を定義すると、成績を1つの変数で扱えます。構造体を使うことにより、変数として使うだけでなく、複数の生徒の成績を配列で扱うこともできます。これにより、異なる型のデータでもまとめてわかりやすく表現できるのです。

取りうる値をすべて列挙する

　整数型を使うと多くの値を表現できますが、実際にはそれほど多くの値が必要ない場合もあります。例えば、曜日を数値で表すとき、日曜日を0、月曜日を1、…、土曜日を6と割り当てると7種類の値があれば十分です。

　しかも、曜日を表す変数に代入される値は0から6の範囲にある整数だけで、他の値が代入されることはありません。しかし、整数型にしてしまうと、例えば火曜日を「2」と決めても、その数値を見ただけではそれが何曜日なのか直感的に理解できません。

　そこで、特定の値だけ格納できる列挙型を使います（図3-27）。代入される値が見た目にもわかりやすいため、**実装時のミスを減らせるだけでなく、他の人がソースコードを読むときにもスムーズに理解できます。**

　定義されていない値が代入されそうになると、**4-8**で解説する例外を発生させるような言語もあり、不具合を防ぐことにもつながります。

図3-26	構造体の例

住所録

氏名	
フリガナ	
郵便番号	
住所1	
住所2	
電話番号	

図3-27	列挙型の例

> | 曜日を使った例

```python
from enum import Enum

class Week(Enum):           ←列挙型の定義
    Sun = 0; Mon = 1; Tue = 2; Wed = 3;
    Thu = 4; Fri = 5; Sat = 6

day_of_week = Week.Sun      ←列挙型の曜日を代入
if (day_of_week == Week.Sun) or (day_of_week == Week.Sat):
    print('Holiday')
else:
    print('Weekday')
```

Point

- 構造体を使うと、異なる型のデータをまとめて扱える
- 列挙型を使うことで、格納できる値を制限できるため、実装時のミスを減らし、読みやすいソースコードを実現することにつながる

》異なる型でも扱えるようにする

使いたい型に変換する

「整数型のデータを浮動小数点数のデータに変換したい」「文字列の"123"というデータを整数型の123に変換したい」というように、ある型のデータを他の型に変換することを型変換といいます。

なお、プログラムが明示的に型変換を指定しなくても、コンパイラが自動的に型変換を行う場合があり、これを暗黙的型変換（暗黙の型変換）といいます。例えば、単精度浮動小数点数の値を倍精度浮動小数点数の変数に代入しても値が変わることはありません。また、32ビット整数を倍精度浮動小数点数の変数に代入しても、値は変わりません。

一方、変換先の型をソースコードで指定して、強制的に型変換する方法を明示的型変換（キャスト）といいます（図3-28）。浮動小数点数の値を整数の変数に代入すると、小数点以下が失われてしまうため、プログラミング言語によってはキャストが必要です。

なお、C言語などでは、double型などの浮動小数点数をint型などの整数型の変数に代入した場合、明示的に指定しなくても小数点以下の部分が切り捨てられて格納されます（図3-29）。これは便利な一方で、**想定外の不具合を作り込んでしまう可能性がある**といえます。

型で扱える上限を超えるオーバーフロー

型で扱える上限を超えた値が代入されることをオーバーフロー（桁あふれ）といいます（図3-30）。例えば、32ビットの整数型では-2,147,483,648〜2,147,483,647の範囲の値を扱えます。しかし、32ビットの整数型の変数に対し、30億という値が代入されると、変数の型の範囲に収まらず、オーバーフローが発生します。

これは型変換の場合も同様で、文字列の値を整数型の変数に型変換した場合や、32ビットの整数型の値を8ビットの整数型の変数に代入する場合などは、**オーバーフローが発生し、情報が失われてしまいます。**

図3-28 **キャストが必要な例**

> | **数値と文字列の間の型変換**

```
value = 123
print('abc' + str(value))    ←整数を文字列に変換してから結合（abc123と出力）
str = '123'
print(int(str) + value)    ←文字列を整数に変換してから加算（246と出力）

print('abc' + value)    ←文字列と整数の結合（エラーになる）
print(str + value)    ←文字列と整数の加算（エラーになる）
```

図3-29 **型変換で情報が失われる例**

> | **数値と文字列の間の型変換**

```c
#include <stdio.h>

int main() {
    int a = 3.1;        // aには3が代入される
    printf("%d\n", a); // 3が出力される
    return 0;
}
```

図3-30 **オーバーフロー**

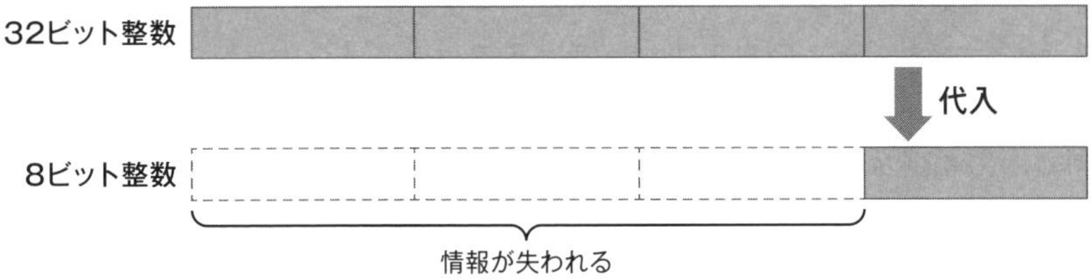

32ビット整数

代入

8ビット整数

情報が失われる

Point

- キャストにより異なる型に変換できるが、情報の一部が失われる場合がある
- 型に格納できる大きさには上限があり、それを超える値を格納するとオーバーフローが発生し、情報が失われる

≫ 配列を番号ではなく名前で扱う

名前でアクセスする配列

配列にアクセスするときは、目的の要素の番号として添字に数値を指定しますが、数値以外でアクセスできるデータ構造を連想配列といいます。配列のように0番目、1番目と指定するのではなく、「国語」「算数」のように要素の名前を指定してアクセスできます（図3-31）。

このように、**好きな名前を添字にしてアクセスできるため、ソースコードを見たときにその処理内容がわかりやすくなります**。

プログラミング言語によっては、連想配列のことを連想リストや辞書（ディクショナリ）、ハッシュ、マップと呼ぶこともあります。

セキュリティなどでも使われるハッシュ

連想配列のことをハッシュと呼ぶ理由として、ハッシュ関数の存在があります。ハッシュ関数は要約関数とも呼ばれ、与えられた値に何らかの変換処理を行って出力を得る関数で、「同じ入力からは同じ出力が得られる」という特徴があります。その特徴から、ログインパスワードの保存をはじめとしたさまざまな場面で使われています（図3-32）。

連想配列で使われるのはハッシュテーブルと呼ばれ、**「複数の入力から同じ出力が得られることが少ない」という特徴を持つこと**が重要です。同じ出力になることを衝突といい、衝突が発生すると工夫が必要になるため、処理効率が落ちてしまいます。セキュリティや暗号に関する場面では「一方向ハッシュ関数」と呼ばれる関数が用いられます。上記に加えて次のような特徴があり、この特徴を生かして、パスワードの保存やファイルの改ざん検出などに使われています。

- 入力が少し変わると出力は大きく変わる
- 出力から入力を逆算することは難しい

図3-31　　　　　　　　　配列と連想配列の違い

通常の配列

成績　0　1　2　3　4

番号でアクセスする

連想配列

成績　国語　算数　英語　理科　社会

名前でアクセスする

図3-32　　　　　　　　　ハッシュの利用例

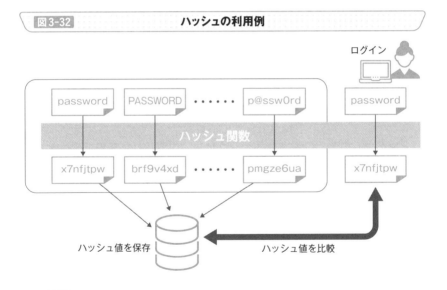

ログイン

| password | PASSWORD | ・・・・・ | p@ssw0rd |

ハッシュ関数

| x7nfjtpw | brf9v4xd | ・・・・・ | pmgze6ua |

password

x7nfjtpw

ハッシュ値を保存　　　　　ハッシュ値を比較

Point

🖉 連想配列を使うと、配列のインデックスとして名前を指定してアクセス
できるため、ソースコードがわかりやすくなる

🖉 ハッシュに使われるハッシュ関数には、同じ入力からは同じ出力が得ら
れるが、異なる入力からは同じ出力が得られにくい関数が使われる

» メモリの構造を知って データを扱う

メモリの位置を表すアドレス

プログラムで使用する変数や配列は、実行時にコンピュータ内のメモリ上に配置されています。このとき、メモリには場所を表すアドレスという通し番号がついています（図3-33）。

アドレスはOSやコンパイラが管理しているため、プログラマがその場所を指定して変数や配列などを確保することはできません。ただし、**宣言した変数や配列がメモリ上のどこに配置されているかのアドレスはプログラム内で参照できます。**

アドレスにはCPUなどがアクセスするために使用する物理アドレスと、プログラムがデータを記録・参照する論理アドレスがあります。アプリのプログラマの視点ではアドレスといえば論理アドレスのことを指します。

アドレスでメモリを操作するポインタ

プログラム中でこのアドレスを扱うために用意されたものにポインタがあります（図3-34）。ポインタは、ポインタ型の変数を用意して変数や配列のアドレスを格納する、といった使い方をします。

ポインタ型は変数の型に関係なく同じ大きさです。多くの項目を持つ構造体など、容量の大きなデータを格納できる変数があったとしても、ポインタの使用によって、大容量のデータをコピーする時間を減らして高速化できる場合があります。また、うまく使うとプログラムをシンプルにできる、というメリットがあります。

しかし、ポインタは、**メモリ上の誤った位置のデータにもアクセスできる**ため、セキュリティ上の問題が発生したり、プログラムが異常終了したりすることがあります。不適切な使い方をしないよう、注意が必要です。

最近の言語では、安全性を確保するため、プログラマがポインタを直接操作できないようになっているものも増えていますが、**ポインタの概念は存在するため、その考え方を理解しておくことは重要です。**

図3-33　**メモリとアドレスの関係**

アドレス	メモリ領域	
01010000		
01010001		
01010002		
01010003		
01010004		→ int a; ← 32ビット整数は4バイト
01010005		
01010006		
01010007		→ char b; ← 文字は1バイト
01010008		
01010009		

図3-34　**ポインタ**

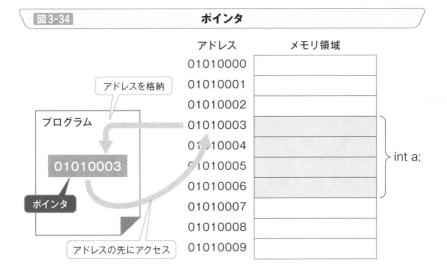

アドレスを格納

プログラム

01010003

ポインタ

アドレスの先にアクセス

int a;

Point

✎ メモリの場所を表すアドレスには、物理アドレスと論理アドレスがある

✎ プログラムでアドレスを扱うにはポインタを使い、ポインタに格納され
たアドレスにアクセスして変数や配列を操作する

》データを順にたどる構造を知る

先頭から順にアクセスする線形リスト

　配列では、各要素の位置を指定することで任意の要素にアクセスできましたが、途中にデータを挿入するときは、既存のデータを後ろに移動する処理、途中のデータを削除するときは、既存のデータを前に移動して詰める処理が必要でした。

　データ量が多くなると、この処理に時間がかかるため、データ構造を工夫したものに連結リスト（単方向リスト）があります。連結リストでは、データの内容に加えて、**次のデータのアドレスを示す値を保持しておき、データを次々につなぐ構造**になっています（図3-35）。

　データを追加するときは、「直前のデータが持つ、次のデータのアドレス」を、追加するデータのアドレスに変更し、「追加するデータの次のデータのアドレス」を、直前のデータが指していたアドレスに付け替えます（図3-36）。削除するときも、削除するデータの直前のデータが持つ「次のデータのアドレス」を変更します。

　これにより、データがどれだけ多くても、次のデータのアドレスを付け替えるだけで済むので、配列よりも高速に処理できます。ただし、特定の要素にアクセスするには、配列のように要素の位置を指定するのではなく、前から順番にたどる必要があります。

前後にリストをたどる双方向リストと環状リスト

　一方向の連結リストでは次のデータのアドレスを保持しているだけなので、逆方向にアクセスすることはできません。しかし、**直前のデータのアドレスも保持しておくデータ構造**に双方向リストがあります（図3-37）。

　また、連結リストの末尾のデータに、先頭のデータのアドレスを格納することで、**最後までたどった後で再度先頭から探索できる**ようにしたデータ構造を環状リストといいます。

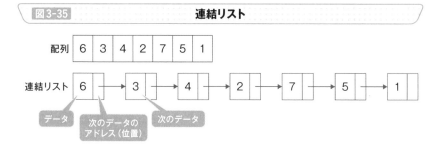

図3-35　連結リスト

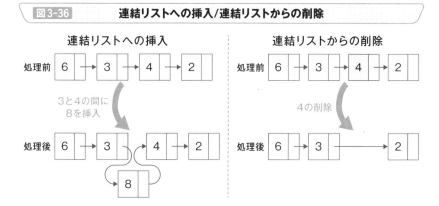

図3-36　連結リストへの挿入/連結リストからの削除

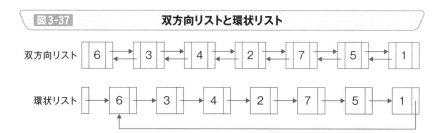

図3-37　双方向リストと環状リスト

Point

⬦ 次の要素のアドレスを保持し、先頭から順にたどれるデータ構造を連結リストという

⬦ 連結リストでは、挿入や削除を配列よりも高速に行えるが、特定の位置の要素を参照するのは配列より時間がかかる

第3章 データを順にたどる構造を知る

95

》 データを順に処理する

積み上げたデータを順に処理する

　配列にデータを格納したり、取り出したりする場面を考えると、できるだけ要素を移動せずに処理する方法が求められます。そこで、**先頭や末尾の一方向のみを使ってデータを出し入れする方法**が多く使われています。

　最後に格納したデータから取り出す構造を**スタック**といいます（図3-38）。英語での「積み上げる」という意味で、箱に物を積み上げ、上から順に取り出す方法です。最後に格納したデータを最初に取り出すので、「LIFO（Last In First Out）」とも呼ばれます。スタックは**4-16**で解説する「深さ優先探索」でよく使われるデータ構造です。

　配列を使ってスタックを表現する場合、配列の最後の要素がある位置を記憶しておきます。これにより、追加するデータを入れる場所や削除するデータの場所がわかるので、データの追加や削除を高速に処理できます。

　なお、スタックにデータを格納することをプッシュ、取り出すことをポップといいます。

届いたデータを順に処理する

　格納した順にデータを取り出していく構造を**キュー**といいます（図3-39）。英語では「列を作る」という意味があり、ビリヤードで玉を打ち出すように、片側から追加されたデータは、反対側から取り出されます。最初に入れたデータを最初に取り出すので、「FIFO（First In First Out）」とも呼ばれます。キューは**4-16**で解説する幅優先探索でよく使われます。

　キューの場合は、配列の先頭の要素がある位置と、最後の要素がある位置を記憶しておきます。データを追加する場合は最後の位置に続けて登録し、削除する場合は先頭の要素がある位置から取り出します。

　なお、キューにデータを格納することをエンキュー、取り出すことをデキューといいます。

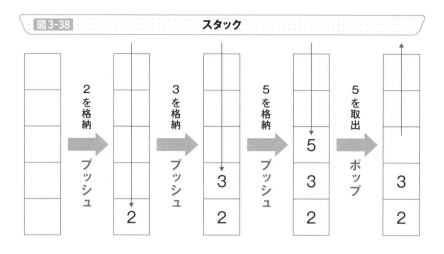

図3-38　スタック

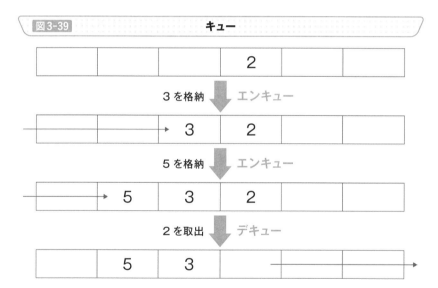

図3-39　キュー

Point

📎 最後に格納したデータから取り出すデータ構造をスタックといい、深さ優先探索などによく使われる

📎 最初に格納したデータから取り出すデータ構造をキューといい、幅優先探索などによく使われる

3-17

» 階層構造でデータを扱う

階層構造を表現できる木構造

データを保存するとき、配列や連結リスト以外にも、さまざまなデータ構造が考えられています。その中でも、フォルダの構成のように、**樹木が天地を逆にした形につながっていく構造**を木構造といいます。

木構造は図3-40のようにデータがつながったデータ構造で、○の部分を節点（ノード）、各節点を結ぶ線を枝（エッジ、辺）、頂点の節点を根（ルート）、一番下の節点を葉（リーフ）といいます。

また、枝の上にある節点を親、下にある節点を子といいます。つまり、上から下に木が伸びていくことをイメージしています。この関係は相対的なものなので、ある節点は他の節点の子であると同時に、また別の節点の親である場合もあります。根には親はなく、葉には子がありません。

プログラムで扱いやすい二分木と完全二分木

木構造にはさまざまな種類がありますが、最もよく使われるものに二分木があります。**節点からの枝が最大で2本しかない木構造**のことで、図3-41の左のようなものが二分木です。

二分木の中でも、すべての葉が同じ階層にあり、葉以外の節点が2つの子を持つものを完全二分木といいます[4]。

完全二分木であれば、図3-41の右のように**木構造を配列で表現することもできます**（親の添字を2倍して1を足すと左の子の添字、2倍して2を足すと右の子の添字になり、逆に子の添字から1を引いて2で割ると親の添字が求められる）。

完全二分木のように、葉の深さがほぼ等しいように均等に要素を配置した木のことをバランス木（平衡木）といいます。

---

[4] 実際には、階層が1つだけ異なっていても、木の左側に詰めて節点が配置されているような二分木のことを広義の完全二分木とする場合もある。

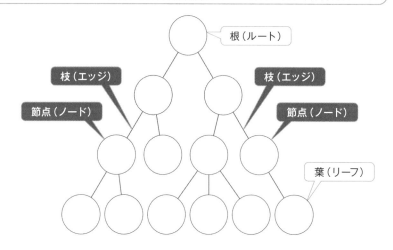

図3-40 木構造

根（ルート）

枝（エッジ）

枝（エッジ）

節点（ノード）

節点（ノード）

葉（リーフ）

図3-41 二分木と完全二分木

二分木

完全二分木

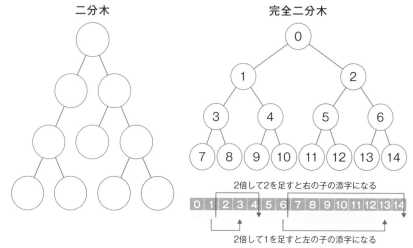

2倍して2を足すと右の子の添字になる

| 0 | 1 | 2 | 3 | 4 | 5 | 6 | 7 | 8 | 9 | 10 | 11 | 12 | 13 | 14 |

2倍して1を足すと左の子の添字になる

Point

- 木構造を使うと、階層的なデータを表現できる
- 二分木がよく使われており、完全二分木を使えば配列で表現することもできる

やってみよう

プログラムを実際に実行してみよう

　プログラムは実際に入力して動かしてみないと、入力方法や実行方法がわかりません。また、処理にどれくらいの時間がかかるのかを体験し、エラーが出たときにどのように対応するのかを経験することが大切です。

　ぜひ実際にソースコードを入力し、どのような結果が出力されるか確認してください。

　ここでは、WebブラウザからPythonのプログラムを実行する方法を紹介します。Googleのアカウントは必要ですが、特別なソフトウェアのインストールは不要です。

❶「Google Colaboratory」（https://colab.research.google.com）にアクセスし、「ノートブックを新規作成」を選択します。
❷入力欄に以下のソースコードを入力します。
❸入力欄の左にある実行ボタンを押し、入力したソースコードを実行します。

```python
for i in range(1, 51):
    if (i % 3 == 0) and (i % 5 == 0):
        print('FizzBuzz')
    elif i % 3 == 0:
        print('Fizz')
    elif i % 5 == 0:
        print('Buzz')
    else:
        print(i)
```

　もしエラーが発生した場合は、何か入力ミスがないか（インデントの位置が正しくない、「:」が抜けている、全角文字で入力しているなど）を確認してみてください。なお、インデントはスペース2文字、4文字、タブなど、いずれの形でも問題ありませんが、形式はそろえる必要があります。

　プログラムを開発するときに、一度もエラーや入力ミスをせずに完了することはありません。エラーが出ても、心配しないでください。

第4章

流れ図とアルゴリズム

~手順を理解し、順序立てて考える~

≫ 処理の流れを図解する

フローチャートが必要な理由

　プログラミングを初めて学ぶとき、ソースコードを読むことに苦労する場合があります。日本語や英語で書かれた文章でも特殊な分野の内容を、1行ずつ読んでいくのは大変です。しかし、図があれば直感的に理解できます。

　プログラムの場合は、「処理の流れ」を表現したフローチャートという図が使われます。JIS（日本工業規格）で定められた標準規格で、**プログラムの処理を表現するだけでなく、業務フローの記述にも使われています。**

　プログラムの処理の基本は順次処理（1つずつ処理を実行する）、条件分岐（指定された条件で処理を振り分ける）、繰り返し（同じ処理を何度も実行する）です。これらは、図4-1の記号を使い、図4-2のように表現できます。このように、決められた記号を使って描くことが大切です。

フローチャートを描く場面

　多くのプログラマと話をしていると、「フローチャートを描くことはない」「フローチャートは役に立たない」という声を聞きます。「フローチャートは手続き型の言語で多く使われ、オブジェクト指向言語や関数型言語では使えない」と言う人もいます。オブジェクト指向ではUML（Unified Modeling Language：統一モデリング言語）を使うこともあります。

　実際、プログラムを作成するときに、フローチャートを描くことはほとんどありません。顧客からドキュメントなどを求められた場合のみ、プログラムができあがった後で作成することがほとんどです。

　「それなら不要ではないか」と考える人もいますが、フローチャートには大きなメリットがあります。それは「**プログラミング言語に依存せず、プログラマ以外でも理解できる**」ということです。書いたプログラムを人に説明するときに、特殊な知識を必要とせず、アルゴリズムの考え方を初心者に伝えるにはいまだに有効な方法なのです。

図4-1　フローチャートでよく使われる記号

意味	記号	詳細
開始・終了		フローチャートの開始と終了を表す
処理		処理の内容を表す
条件分岐		条件に応じて振り分ける処理を表す 記号の中に条件を書く
繰り返し		何度も繰り返すことを表す 開始（上）と終了（下）で挟んで使う
キー入力		利用者がキーボードで入力することを表す
定義済み処理		他で定義されている処理を表す

図4-2　代表的な処理の流れ

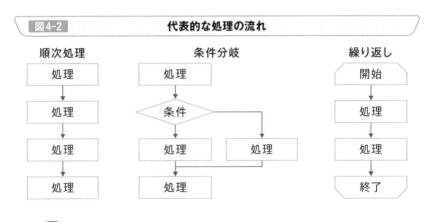

Point

- 処理の流れを説明するために使われる図にフローチャートがある
- プログラムは順次処理、条件分岐、繰り返しの組み合わせで多くを表現できる
- フローチャートを描いてからプログラムを作成することはほとんどないが、人に説明する場面ではいまだに有効である

» データの大小を比べる

ifによる条件分岐

ほとんどのプログラミング言語は、ソースコードに書かれたものを上から順に実行します。しかし、条件を満たした場合だけ、他の処理を実行したいことがあります。例えば、「日曜日だけ特別な処理を実行したい」「天気が雨のときだけ持ち物を変えたい」などさまざまな条件が考えられます。

これを実現するには、条件に応じて処理を振り分ける必要があり、これを条件分岐といいます。条件分岐を実現するには、多くの言語でifに続けて条件を指定し、条件を満たしたときだけ実行したい処理をその後ろに書きます（図4-3）。

条件を満たさないときだけ実行したい処理がある場合は、elseに続けて他の処理を書くことで、どちらかの処理を実行できます（図4-4）。

Pythonでは、次のように条件と処理を記述します。

```
if 条件:
    条件を満たしたときに実行したい処理
else:
    条件を満たさなかったときに実行したい処理
```

2つの条件をまとめて記述できる三項演算子

「条件を満たした場合と、満たさなかった場合とで変数に代入する値を変える、もしくは出力する内容を変える」だけであれば、1行で記述する方法があり、三項演算子と呼ばれています（図4-5）。

Pythonでは、次のように条件と代入する値を記述します。

```
変数 = 条件を満たしたときの値 if 条件 else 条件を満たさないときの値
```

C言語などの多くの言語では、次のように条件式と代入する値を記述します。

```
変数 = 条件 ? 条件を満たしたときの値 : 条件を満たさないときの値
```

図4-3　条件分岐の例 (if)

```
> | rain1.py

x = input()

if x == '雨':
    print('傘が必要です')
```

図4-4　条件分岐の例 (if〜else)

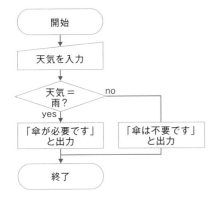

```
> | rain2.py

x = input()

if x == '雨':
    print('傘が必要です')
else:
    print('傘は不要です')
```

図4-5　三項演算子の例

```
> | rain3.py

x = input()
print('傘が必要です' if x == '雨' else '傘は不要です')
```

Point

🖊 条件に応じて処理を変えるには、ifとelseによる条件分岐を使う

🖊 条件分岐を1行で表現する三項演算子が使われる場合もある

≫ 同じ処理を繰り返し実行する

指定した回数だけ実行する

　同じ処理を繰り返し何度も実行したい場合は**ループ**を使います。指定した回数だけ実行したい場合、Pythonでは次のようにforを使い、繰り返す回数をrangeの中に指定します。

```
for 変数 in range(繰り返す回数):
    繰り返したい処理
```

　この場合、指定された回数だけ繰り返し、変数の値を0から順に増やしながら処理します。例えば、繰り返す回数として「4」を指定すると、変数には0, 1, 2, 3という値が順に格納されます（図4-6のloop1.py）。

　これを、0からではなく指定した数から順に処理するように変えるには、rangeの中で下限と上限を指定します。

```
for 変数 in range(下限, 上限):
    繰り返したい処理
```

　このとき、変数の値に下限は含まれますが、上限は含まれないことに注意が必要です。例えば、「range(3, 7)」と指定すると、変数には3, 4, 5, 6という値が順に格納されます（図4-6のloop2.py）。

　ループの変数を変えることで、二重、三重にループすることも可能で、それぞれの変数の値が順に変わります（図4-6のloop3.py）。

条件を満たす間だけ実行する

　事前に回数やリストが決まっていない場合、条件を満たす間だけ繰り返す方法があります（図4-7）。Pythonではwhileに続けて条件を指定することで、その後に続くブロックに記述された処理を繰り返し実行できます。

```
while 条件:
    条件を満たす間だけ実行したい処理
```

| 図 4-6 | 回数を指定した繰り返し、リストの繰り返しの例 |

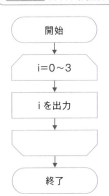

```
> | loop1.py

for i in range(4):
    print(i)
```

```
> | 実行結果

C:¥>python loop1.py
0
1
2
3
```

```
> | loop2.py

for i in range(3, 7):
    print(i)
```

```
> | 実行結果

C:¥>python loop2.py
3
4
5
6
```

```
> | loop3.py

for i in range(3):
    for j in range(3):
        print([i, j])
```

```
> | 実行結果

C:¥>python loop3.py
[0, 0]
[0, 1]
… (中略)
[2, 2]
```

| 図 4-7 | 条件を指定した繰り返し |

```
> | loop4.py

i = 0
while i < 3:
    print(i)
    i += 1
```

```
> | 実行結果

C:¥>python loop4.py
0
1
2
```

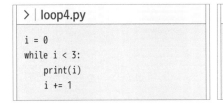

Point

回数を指定して繰り返す、リストを順に処理する場合は for を使う

条件を満たす場合だけ繰り返す場合は while を使う

》 一連の処理をまとめて扱う

関数と手続き

何度も同じ処理を実行する場合、実行する回数だけ繰り返し同じコードを書くと実現できますが、ひとまとめにして処理を定義できます。このように一連の処理を定義したものを関数や手続き、サブルーチンなどといいます（図4-8）。

関数を定義すると、その関数を呼び出すだけで処理を実行できますし、パラメータを変えて実行することもできます。また、**その処理内容に修正が発生した場合も、その処理を実装している関数の中身を置き換えるだけ**です。

プログラミング言語によって異なりますが、値を渡して一連の処理を実行し、「結果を受け取るもの」を関数、「結果を受け取らないもの」を手続きと使い分けることがあります。

引数と戻り値

関数や手続きに渡すパラメータを引数といい、引数には「仮引数」と「実引数」の2種類があります。仮引数は**関数の宣言に使用される引数**で、実引数は**関数を呼び出すときに関数に渡される引数**です。

図4-9のような関数の場合、widthとheightが仮引数、3と4、2と5、4と7が実引数です。

逆に、**関数から呼び出し元に返す値**のことを戻り値（返り値）といいます。画面に出力するだけの関数や、処理を1つにまとめたいだけの場合は値を返さない関数（手続き）や、引数のない関数を作ることも可能です。

Pythonで関数を定義するには、次のように書きます。

```
def 関数名(引数):
    実行する処理
    …
    実行する処理
    return 戻り値
```

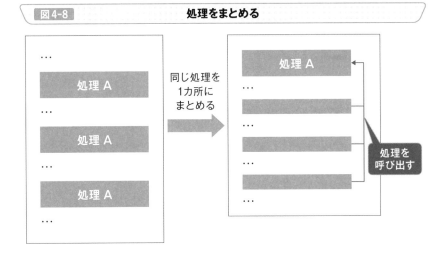

図4-8 処理をまとめる

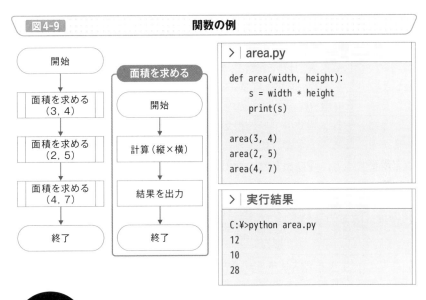

図4-9 関数の例

```
> area.py

def area(width, height):
    s = width * height
    print(s)

area(3, 4)
area(2, 5)
area(4, 7)
```

```
> 実行結果

C:¥>python area.py
12
10
28
```

Point

- 関数や手続きを定義することで、それを呼び出すだけでパラメータを変えながら同じ処理を何度でも実行できる
- 関数や手続きに渡すパラメータを引数といい、逆に関数から呼び出し元に返す値のことを戻り値という

» 関数にパラメータを渡す

呼び出し元に影響を与えない値渡し

　関数が呼び出されたとき、実引数以外に仮引数についても変数の領域が確保されます。この領域は固定の場所ではなく、関数が呼び出されると確保され、関数の実行が終了すると解放されます。

　関数の仮引数に実引数の値をコピーして渡す方法を値渡しといいます。あくまでも「コピー」なので、**関数の中で仮引数の値を変更しても、呼び出し元の実引数の値は変更されません**（図4-10）。

呼び出し元の値も変更する参照渡し

　関数の仮引数に実引数のメモリ上の場所（アドレス）を渡す方法を参照渡しといいます。ポインタと同様に、メモリ上に確保された領域の場所を渡すことで、その場所にある変数の内容を読み書きできるようなしくみです。

　参照渡しでは、関数の中で仮引数の値を変更するということは、仮引数の指す場所にある値を書き換えることを意味します。つまり、**関数の中で値を変更すると、呼び出し元の実引数の値も変更されます**。

Pythonにおける値の渡し方

　C言語などの場合は、値渡しと参照渡しを開発者がソースコードで指定しますが、Pythonでは基本的に参照渡しが使われます。このとき、引数の型によって動きが少し異なります（図4-11）。

　例えば、数値や文字列は、作成した後で値を変更できません。このような型をイミュータブルといいます。イミュータブルな型の場合、**参照渡しであっても値渡しのような動きをします**。

　一方、リストや辞書などの場合、作成した後で値を変更できます。このような型をミュータブルといい、参照渡しのような動きをします。

　このため、Pythonでは引数の型を意識して実装する必要があります。

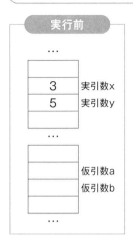

図4-10　値渡しと参照渡しの違い

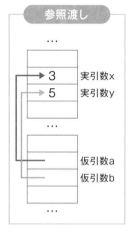

図4-11　Pythonでの処理結果の違い

イミュータブルな型の場合	ミュータブルな型の場合
>　add1.py	>　add2.py

イミュータブルな型の場合：

```
def add(a):
    a += 1
    print(a)

x = 3
add(x)
print(x)
```

ミュータブルな型の場合：

```
def add(a):
    a[0] += 1
    print(a[0])

x = [3]
add(x)
print(x[0])
```

>　実行結果	>　実行結果

イミュータブルな型の場合の実行結果：

```
C:¥>python add1.py
4
3
```

ミュータブルな型の場合の実行結果：

```
C:¥>python add2.py
4
4
```

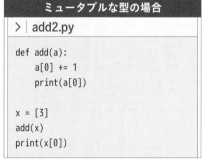

Point

✎ 値渡しでは関数内で仮引数の値を変更しても実引数の値は変更されない
　が、参照渡しでは仮引数の値を変更すると実引数の値も変更される

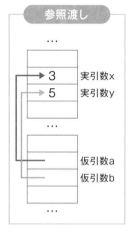

第4章
関数にパラメータを渡す

» 変数の有効範囲を決める

変数の上書きを防ぐスコープ

変数をプログラムのどこからでも読み込んだり書き込んだりできると便利ですが、困ることもあります。大きなプログラムで同じ名前の変数を使うと、他の場所で内容が上書きされるかもしれません。1人で開発していると気をつければ済みますが、大規模なプロジェクトで複数の開発者が参加すると、すべてのソースコードをチェックするのは面倒です。

そこで、変数には有効範囲が決められており、これをスコープといいます（図4-12）。プログラミング言語によってその範囲は異なりますが、次の2つのスコープは多くの言語に存在します。

どこからでもアクセスできるグローバル変数

プログラムのどこからでもアクセスできる変数をグローバル変数といいます。グローバル変数を使うと、関数とデータをやりとりするときに**引数や返り値を使わずに受け渡し**できます。

これは便利な一方で、他で定義された変数に誤ってアクセスしてしまうリスクがあります。つまり、予期せずに他の変数の内容を書き換えてしまう可能性があり、想定外のバグにつながります。

一部からしかアクセスできないローカル変数

関数の中など、一部からしかアクセスできない変数をローカル変数といいます。ローカル変数を使うと、**他の関数で使われているものと同じ名前の変数を使用しても、他に影響を与えません。** このため、**できるだけ変数のスコープを狭くすること**が大切です。可能な限りグローバル変数は使わず、ローカル変数を使うようにしましょう（図4-13）。

なお、Pythonの関数内でグローバル変数と同じ名前の変数を使うとローカル変数になるため、使うときは事前に定義しておく必要があります。

図 4-12 変数のスコープ

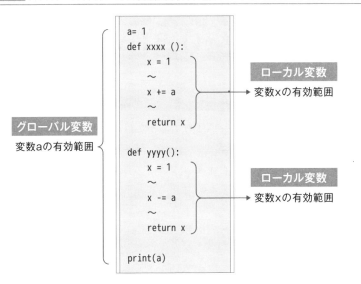

```
a= 1
def xxxx ():
    x = 1
    ~
    x += a
    ~
    return x

def yyyy():
    x = 1
    ~
    x -= a
    ~
    return x

print(a)
```

ローカル変数
変数xの有効範囲

グローバル変数
変数aの有効範囲

ローカル変数
変数xの有効範囲

図 4-13 スコープの違いによる実行結果の違い

```
> | scope1.py

x = 10
def reset():
    x = 30
    a = 20
    print(x)  # 30を出力
    print(a)  # 20を出力

reset()
print(x)  # 10を出力
print(a)  # エラー
```

```
> | scope2.py

x = 10
def reset():
    global x
    x = 30
    print(x)  # 30を出力

reset()
print(x)  # 30を出力
```

Point

- 変数のスコープとして、グローバル変数とローカル変数が多くの言語に存在する
- グローバル変数を使うと、他の変数の内容を書き換えてしまうリスクがあるため、可能な限りローカル変数だけで処理することが望ましい

第4章
変数の有効範囲を決める

113

≫ パラメータを変えながら 同じ処理を繰り返し実行する

関数の中で関数を呼び出す再帰

　関数の中から自身の関数を呼び出すような書き方を再帰（再帰呼び出し）といいます。身近にある再帰の例として、図4-14のようにカメラでテレビを撮影する場面が考えられます。カメラで撮影している内容を、そのテレビに表示すると、どこまでも繰り返してテレビの画像が表示されます。

　単純に呼び出すと無限に処理が続くため、**終了条件の指定**が必須です。関数内で呼び出すときは、元の引数よりも小さな値を使うことがポイントです。つまり、大きな処理を小さな処理に分割して考えます。

　再帰の例として、フィボナッチ数列がよく挙げられます。フィボナッチ数列は、直前の2つの項を足し合わせてできる数列で、「1, 1, 2, 3, 5, 8, 13, 21, 34, 55, ……」のように無限に続きます。

　つまり、$1+1=2$、$1+2=3$、$2+3=5$、$3+5=8$、$5+8=13$、$8+13=21$、……というように、最初の2つの項を決めると、順に後ろの項を求められます。この第n項を求めるには、直前の2つの項の和を計算すればよいため、図4-15のようなプログラムで実現できます。

　この関数を見ると、fibonacciという関数の中でfibonacciという関数が呼ばれていることがわかります。これが再帰です。

ループで再帰と同じ結果を得る

　再帰は何度も同じ関数が呼び出されるため、その**階層が深くなりすぎるとスタックオーバーフロー（6-19参照）が発生する**可能性があります。そこで、再帰を使わずに書き換える場合があります。

　例えば、再帰を通常のループに変換する方法です。上記のフィボナッチ数列の場合、図4-16のようにループに変換できます。これは、リストの要素を前から順に書き換えながら処理し、最後まで処理できればリストの最後の要素を出力しています。

　スタックを消費しない末尾再帰という形式に変換する方法もあります。

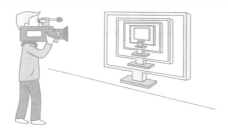

図 4-14 再帰のイメージ

図 4-15 フィボナッチ数列を求めるプログラム（再帰）

> | fibonacci_recursive.py

```python
def fibonacci(n):
    if (n == 0) or (n == 1):
        return 1
    return fibonacci(n - 1) + fibonacci(n - 2)


n = 10
print(fibonacci(n))
```

図 4-16 フィボナッチ数列を求めるプログラム（ループ）

> | fibonacci_loop.py

```python
n = 11
fibonacci = [0] * n
fibonacci[0] = 1
fibonacci[1] = 1
for i in range(2, n):
    fibonacci[i] = fibonacci[i - 1] + fibonacci[i - 2]

print(fibonacci[-1])
```

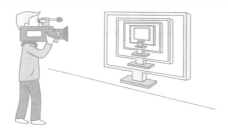

Point

⬧ 関数の中から自身の関数を呼び出すことを再帰といい、ソースコードを
シンプルにできるが、スタックオーバーフローに注意が必要である
⬧ 再帰をループに変換することで、階層が深くなるのを防げる場合もある

想定外の事態に対応する

想定外の問題を防ぐ例外処理

文法的な間違いがあるとプログラムが正しく動かないのは当たり前ですが、想定していないデータが与えられたときに処理できなくなる場合があります。このように、システムの設計時点で想定されておらず、実行時に発生する問題のことを例外といいます（図4-17）。

例外には、「想定されていない入力を受け取った」「ハードウェアに故障が発生した」「指定したファイルやデータベースが存在しなかった」「処理できない計算が行われた」などさまざまなパターンが存在します。

例外が発生すると、**システムが停止したり、処理中のデータが失われたりする**可能性があるため、例外が発生しないようにする、もしくは発生した場合の影響を最小限に抑える必要があります。

プログラミング言語によっては、関数などで呼び出し先が想定していない入力を受け取った場合に、**呼び出し元に処理結果を返すのではなく、例外を発生させる機能**があります。例外が発生した場合に、呼び出し元がその例外を処理するように実装するなど、問題が発生しても問題なく処理することを例外処理といいます（図4-18）。

例外処理をサポートしていないプログラミング言語では、関数の戻り値によってその処理を振り分ける方法が使われます。ただし、問題が発生していても処理を継続可能であることや、戻り値のチェックが複雑になるなどの問題があり、最近の言語の多くは例外をサポートしています。

初心者が見落としがちなゼロ除算

整数を0で割ってしまうことで発生する例外をゼロ除算といいます。初心者のプログラマが見落としがちな例外で、分母が0でなければ問題なく処理できますが、分母に0が入る可能性がある場合は、割り算の処理をしないように設計する必要があります。

| 図4-17 | 例外の例 |

プログラミング上の問題

・外部の API を呼び出すと、その中で例外が発生した

・配列の範囲外にアクセスした
・ゼロで割ろうとした

修正不可能   修正可能

・他のプロセスでファイルがロックされていた
・ファイルに保存しようとしたら空き容量がなかった

・指定されたファイルを開くとき、そのファイルが存在しなかった

システム、利用者の問題

| 図4-18 | Pythonでの例外処理 |

> | zero_div.py

```
x = int(input('x = '))
y = int(input('y = '))

try:
    print(x // y)            ←例外が発生する可能性がある処理
except ZeroDivisionError:
    print('ゼロでは割れません')  ←例外が発生したときに実行する処理

print('ここは必ず実行される')
```

> | 実行結果1

```
C:¥>python zero_div.py
x = 6
y = 2   ←yに0以外を指定
3
ここは必ず実行される
```

> | 実行結果2

```
C:¥>python zero_div.py
x = 6
y = 0   ←yに0を指定
ゼロでは割れません
ここは必ず実行される
```

Point

🖉 想定外の入力などが与えられたときに発生する問題を例外という

🖉 例外が発生した場合に、プログラムが異常終了しないように、例外処理を実装しておくことが求められる

» 繰り返し処理を扱う

配列などの繰り返し

　配列の要素を順に処理する場合、forを使ったループで繰り返すことが一般的です。このとき、要素の数だけループを繰り返し、要素のインデックス（位置）を変えることで各要素にアクセスします。

　しかし、このときにプログラマが本質的にやりたいことは、インデックスを変えることではなく、配列の要素に順にアクセスすることです。連結リストなどのデータ構造の場合は、要素をたどりながらアクセスする必要があります。しかし、要素の数を数えて目的の要素を求めるのではなく、対象の要素にアクセスすることが本来の目的でしょう。

　このような本質に着目し、要素へのアクセスを抽象化する方法をイテレータといいます（図4-19）。イテレータを使うと、先頭の要素から順番にアクセスできるようなデータ構造であれば、**どのようなデータ構造でも同じようにソースコードを書ける**のです。

　Pythonでは、forの繰り返し条件としてリストを指定して、そのリストに含まれる要素を順にアクセスできます（図4-20）。リストの内容の列挙や、リストの内容を変数に代入していればその変数名の指定もできます。

```
for 変数 in リスト:
    繰り返したい処理
```

集合を扱う関数で使う

　イテレータを使うと、リストでも連結リストでも独自のクラスでも、順にたどれるデータ構造であれば、**引数として渡すだけで同じように書けます**。これはループだけでなく、合計や最大値を求めるような関数であっても、数値型のデータを順に取り出せれば同じように使えます。

　例えば、Pythonで合計を求めるsum関数や最大値を求めるmax関数は引数としてイテレータを使えるため、独自のクラスに対して処理することも可能です。

図4-19 **イテレータのイメージ**

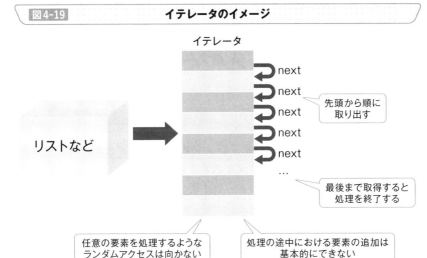

イテレータ

リストなど

next
next
next
next
next
...

先頭から順に
取り出す

最後まで取得すると
処理を終了する

任意の要素を処理するような
ランダムアクセスは向かない

処理の途中における要素の追加は
基本的にできない

図4-20 **イテレータでの繰り返し**

リストの内容を列挙する場合	リストの内容を代入した変数を指定する場合
> | loop_list1.py	> | loop_list2.py

```
for i in [4, 1, 5, 3]:
    print(i)
```

```
a = [4, 1, 5, 3]
for i in a:
    print(i)
```

> \| 実行結果

```
C:¥>python loop_list1.py
4
1
5
3
```

> \| 実行結果

```
C:¥>python loop_list2.py
4
1
5
3
```

Point

✎ イテレータを使うと、リストの先頭から順にアクセスする処理を、デー
タ構造にかかわらず同じように実装できる

✎ Pythonでは、sumやmaxなどの集合を扱う関数ではイテレータを引数
として使える

» 不要なメモリを解放する

静的に確保したメモリの場合

　図4-21のように関数の引数やブロックの先頭で変数を確保し、その変数の型に合った値を代入する場面を考えてみます。決められた大きさで変数を確保することを静的な確保といいます。ローカル変数を静的に確保すると、その関数など変数の有効範囲が終了した時点で、その変数に確保されている値だけでなく、その領域が解放されます。

　このとき、その変数のために**確保されていた領域を他の変数などで再利用できます**。開発者はメモリを解放するための処理を記述する必要がなく、したがってメモリの解放を意識する必要もありません。

動的に確保したメモリを解放する

　一方で、図4-22のように実行時に要素数が変わる配列を使いたい場合、実行時に必要な分だけその領域を確保します。これを動的な確保といいます。開発時に宣言しているのは先頭アドレスの領域だけであり、この領域は解放されますが、そのアドレスから指されている内容は解放されません。

　これでは、**解放されなかった領域を再利用できない**ため、動的に領域を確保する処理が増えると、時間が経つにつれてコンピュータがメモリ不足に陥ってしまいます。動的に確保した領域はプログラマが解放する処理を実装する必要があるのです。しかし、解放処理を書くことを忘れることが多く、メモリリークと呼ばれています。

　これを防ぐため、最近のプログラミング言語では、開発者が解放処理を記述しなくても不要なメモリを自動的に解放するガーベジコレクションという機能を備えています。

　その手法は言語や処理系によってさまざまですが、プログラム中の**どこからも参照されていないメモリ領域を見つけ出し、その領域を強制的に解放する処理**を指します。

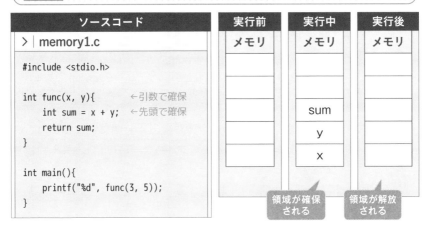

図4-21　静的なメモリの確保

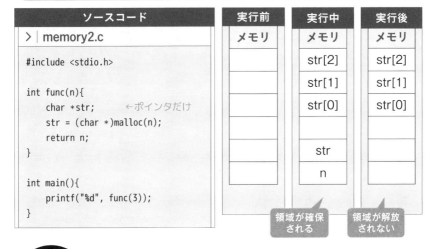

図4-22　動的なメモリの確保

Point

- 関数の先頭などで静的に確保したメモリ領域は、その関数が終了したら自動的に解放される
- 動的に確保したメモリ領域は、自動的に解放されないため手動での解放が必要だが、最近のプログラミング言語ではガーベジコレクションにより自動的に解放される場合もある

≫ ソートの基本を学ぶ

データを並べ替える

　住所録や電話帳、辞書など私たちの身近には五十音順に並んでいるものがたくさんあります。PCの中でファイルを探すときも、ファイル名やフォルダ名で並べ替えることは少なくありません。

　物の名前だけでなく、仕事の場面では金額や日付、プライベートでもトランプの数字など、さまざまな基準でデータを並べ替えます。このような並べ替えを**ソート**といいます。

　ここでは、プログラムで並べ替える場面で、数値データが配列に格納されているものとし、このデータを昇順に並べ替える方法を考えます。

最小値を探して先頭に移動する選択ソート

　配列の中から**最も小さい要素を選んで、前にある要素と入れ替えること**
を繰り返して並べ替える方法を**選択ソート**といいます（図4-23）。

　最初は配列全体の中から最小の値を探し、見つかった位置と先頭を交換します。次に、配列の2番目以降の要素から最小の値を探し、見つかった位置と配列の2番目を交換します。これを配列の最後の要素まで繰り返すと、ソートが完了します。

ソート済みの部分を増やしていく挿入ソート

　配列の一部をソート済みだと考えて、その部分の順番が変わらないように**挿入できる位置を先頭から探しながら、適切な位置にデータを追加する**
方法を**挿入ソート**といいます（図4-24）。配列の先頭部分をソート済みとし、残りの要素を適切な位置に挿入していく方法です。

　ソート済みの部分は交換が発生しないため、すでにソート済みの配列に要素を追加して挿入ソートを実行すると非常に高速に処理が完了します。

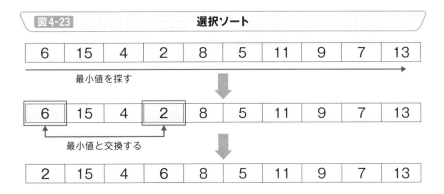

図4-23　選択ソート

図4-24　挿入ソート

Point

- データを並べ替えることをソートといい、実装が容易な方法として選択ソートや挿入ソートがある
- 挿入ソートはすでにソート済みの配列に対しては高速に動作する

第4章　ソートの基本を学ぶ

》 実装しやすいソート方法を知る

隣同士での交換を繰り返すバブルソート

配列の**隣り合ったデータを比較して、大小関係が違っている場合に交換を繰り返して並べ替える方法**を バブルソート といいます（図4-25）。これは、データを縦方向に並べてソートを実行したときにデータが移動していく様子を、水中で泡が浮かんでいく様子に例えています。交換を繰り返すことから交換ソートと呼ばれることもあります。

先頭から最後まで交換すると1回目の交換は終了で、2回目は一番右の要素以外について同じ作業を繰り返します。これを繰り返すことで、すべてが並べ替えられます。

入力されたデータが事前に並んでいると交換は発生しませんが、比較は常に発生するため、**与えられたデータの並び順にかかわらずほぼ同じ時間**がかかります。このため、他の手法に比べて処理が遅いという特徴があります。

このままでは実用上、使われることはありませんが、実装が容易なことからソートの紹介でよく取り上げられます。また、交換が発生しなかった場合に処理を打ち切るなどの方法で、処理を少し改善することができます。

双方向にバブルソートを実現するシェーカーソート

バブルソートでは、一方向に交換を行うだけですが、**逆方向との交換を交互に行って双方向に実行する方法**を シェーカーソート といいます（図4-26）。シェーカーソートでは、まず順方向に交換を行って最大値を末尾に移動させた後、逆方向に交換を行って最小値を先頭に移動させます。

このため、バブルソートでは後ろから順に範囲が狭くなっていくだけですが、シェーカーソートでは調べる範囲を後方からだけでなく前方からも狭めることができます。交換が行われていなければその部分はソート済みであることがわかるため、整列済みのデータであれば調べる範囲を狭めることができ、**バブルソートよりも高速に処理できます**。

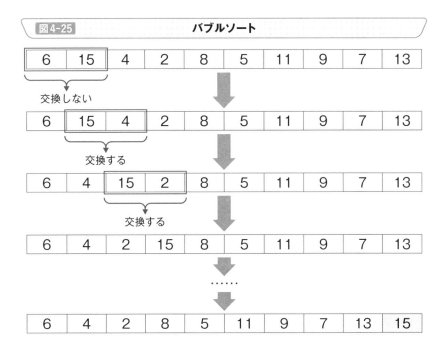

図4-25　バブルソート

| 6 | 15 | 4 | 2 | 8 | 5 | 11 | 9 | 7 | 13 |

交換しない

| 6 | 15 | 4 | 2 | 8 | 5 | 11 | 9 | 7 | 13 |

交換する

| 6 | 4 | 15 | 2 | 8 | 5 | 11 | 9 | 7 | 13 |

交換する

| 6 | 4 | 2 | 15 | 8 | 5 | 11 | 9 | 7 | 13 |

……

| 6 | 4 | 2 | 8 | 5 | 11 | 9 | 7 | 13 | 15 |

図4-26　シェーカーソート

| 6 | 15 | 4 | 2 | 8 | 5 | 11 | 9 | 7 | 13 |

1回目は最大値を右へ

| 6 | 4 | 2 | 8 | 5 | 11 | 9 | 7 | 13 | 15 |

2回目は最小値を左へ

| 2 | 6 | 4 | 8 | 5 | 11 | 9 | 7 | 13 | 15 |

3回目は残りの最大値を右へ

並べ替えが終わるまで処理を繰り返す

Point

✎ 隣り合ったデータを交換することを繰り返してソートする方法をバブルソートといい、処理は遅いが実装が容易なため、よく紹介される

✎ バブルソートを改善したシェーカーソートも探索範囲を狭めることで少し高速に処理できるアルゴリズムとして知られている

≫ ソートを高速化する

どんなデータでも高速に処理できるマージソート

ソートしたいデータが**すべてバラバラの状態から、これらの統合（マージ）を繰り返して並び替える方法**をマージソートといいます。マージソートでは、統合する際にその内部で小さい順に並べていくことで、全体が1つになったときにはすべてが並べ替えられるという特徴があります（図4-27）。

配列の場合、すべてのデータはバラバラに格納されているため分割する処理は不要で、マージするときに並べ替えることを繰り返すだけでソートが完了します。

2つのデータを統合するときに、それぞれのデータの先頭から順に処理するだけで済むため、配列に限らずテープ装置※1などでも同じように実装できるという特徴があります。また、**どのようなデータでも安定して高速に処理**できます。

ただし、マージした結果を格納するための領域が必要であり、それだけスペースを消費します。

基準の選び方が問われるクイックソート

データが入った配列を、**基準として選んだ値よりも小さい要素と大きい要素に分けることを繰り返して並び替える方法**をクイックソートといいます。この方法では、これ以上分けられないサイズまで値を分割してから、それを並べてまとめます（図4-28）。

分割する基準となる要素の選択が重要であり、うまく選ぶと非常に高速に処理できます。一方で、並べ替える中で最小や最大の要素を基準に選択してしまうと、選択ソートと同様の処理速度しか得られません。

基準とする要素として、先頭や末尾の要素を使ったり、3つほど選んでその平均を取ったりする方法があり、一般的には他のソート方法よりも高速に処理できることが知られています。

※1　テープ装置：カセットテープのように、テープにデータを記録する装置。ランダムにはアクセスできないが、先頭から順にアクセスする場合は高速に処理できる

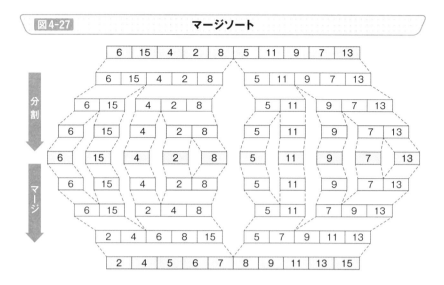

図4-27 マージソート

図4-28 クイックソート

![Point]

- マージソートやクイックソートを使うと実装は複雑だが高速に処理できる
- クイックソートは基準の選択によって性能が大きく変わる可能性がある

》 処理にかかる時間を概算する

環境にとらわれずに性能を評価できる計算量

　アルゴリズムの良し悪しを考えるとき、その処理速度はわかりやすい指標となります。処理速度を知りたいとき、実際にプログラムを実装して、処理にかかった時間を計測する方法はすぐに思いつきます。しかし、実装してみないと処理にかかる時間がわからないということは設計段階で適切なアルゴリズムを選択できないことを意味します。

　また、搭載するCPUの種類や周波数、OSの種類やバージョンなど、実行する環境による違いだけでなく、実装したプログラミング言語によっても処理時間は変わってしまいます。

　そこで、環境や言語に依存せずにアルゴリズムの性能を評価するための指標として計算量があります。処理にかかる時間を調べるために、入力されたデータ量に対して、**実行した命令の数がどのくらいのペースで増えるのかを比較する方法**がよく使われます（図4-29）。

　与えられたデータによって計算量が大幅に変わる場合があるため、最も時間がかかるデータにおける計算量を考えます。これを最悪時間計算量といいます。

計算量の変化を表すオーダー記法

　計算量を $3n^2 + 2n + 1$ のような数式で表現したとき、全体に大きな影響がない項（$2n+1$）や係数（3）を省いて、**データ量が増えたときの計算量の大まかな変化を記述する方法**としてオーダー記法がよく使われます。オーダー記法では「O」という記号を使い、$O(n)$ や $O(n^2)$、$O(\log n)$ のように記述します（図4-30）。

　オーダー記法を使うことで、$O(n)$ と $O(n^2)$ の2つのアルゴリズムがあったとき、$O(n)$ のアルゴリズムの方が少ない計算量で処理できる（処理時間が短い）ことをすぐに判断できます。また、入力のデータ量 n が変化したとき、計算時間がどの程度変わってくるのか簡単に想像できます。

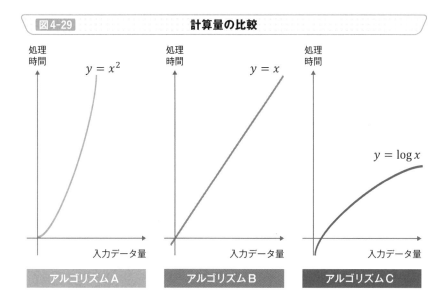

図4-29　計算量の比較

$y = x^2$ アルゴリズムA

処理時間 / 入力データ量

$y = x$ アルゴリズムB

処理時間 / 入力データ量

$y = \log x$ アルゴリズムC

処理時間 / 入力データ量

図4-30　オーダーの比較

処理時間	オーダー	例
短い ↑ ↓ 長い	$O(1)$	配列へのアクセスなど
	$O(\log n)$	二分探索など
	$O(n)$	線形探索など
	$O(n \log n)$	マージソートなど
	$O(n^2)$	選択ソート、挿入ソートなど
	$O(2^n)$	ナップサック問題など
	$O(n!)$	巡回セールスマン問題など

Point

✓ アルゴリズムの性能を評価する指標として計算量がよく使われ、一般に最悪時間計算量で考える

✓ 計算量の表記としてオーダー記法が使われ、全体の計算量に大きな影響がない項や係数を省いて表現される

配列やリストから欲しい値を探す

先頭から順に探す線形探索

配列に格納されているデータから特定の要素を検索する場合、配列の先頭から末尾まで順に調べていけば、必ず欲しいデータが見つかります。配列に格納されていないデータであっても、最後まで調べることで「存在しない」ということがわかります。

このように、**先頭から順に探索する方法**を線形探索といいます（図4-31、図4-32）。プログラムの構造が非常にシンプルで実装も簡単ですし、データの数が少ない場合には有効な方法です。

基準のデータの前後を探す二分探索

線形探索では、データが増えた場合に時間がかかります。そこで、私たちが辞書や電話帳を調べる場合に、あるページを開いてみて前後を判断するように、**探しているデータがそのデータの前か後ろかを判断する方法**を二分探索といいます（図4-33）。

一度比較すると探索する範囲が半分になるため、配列に含まれるデータの数が2倍になっても比較回数は1回増えるだけです。例えば、1,000件のデータがあっても、1回目で500件に、2回目で250件に、と繰り返していくと10回で1件になります。これが2,000件になっても11回で欲しいデータを見つけられるのです。

線形探索だと1,000件では1,000回、2,000件では2,000回の比較が必要になるため、圧倒的な差が生じることがわかります。この差は件数が増えれば増えるほど大きくなっていきます。

なお、二分探索を使うには、データが五十音順など規則的に並んでいる必要があります。また、データの個数が少ない場合には、処理速度に大きな差が出ないことから、線形探索が使われることも少なくありません。

このため、**扱うデータの量やデータの更新頻度**なども検討したうえで、探索方法を決めることが求められます。

図4-31				線形探索				

50	30	90	10	20	70	60	**40**	80

図4-32		線形探索の例

> | linear_search.py

```python
def linear_search(data, value):
    # 先頭から順にループして探す
    for i in range(len(data)):
        if data[i] == value:
            # 欲しい値が見つかったら位置を返す
            return i

    # 欲しい値が見つからなかったら-1を返す
    return -1

data = [50, 30, 90, 10, 20, 70, 60, 40, 80]
print(linear_search(data, 40))
```

図4-33				二分探索				

10	20	30	40	50	60	70	80	90

10	**20**	30	40

		30	40

			40

Point

🖉 データが少ない場合は、線形探索を使うと簡単に実装できる

🖉 データが多い場合は、データを並べ替えたうえで二分探索を使って探索する方法を使うと高速に検索できる

木構造を順にたどりながら探す

階層でデータを保持する木構造

探索するデータが格納されているのは、配列だけとは限りません。例えば、コンピュータのフォルダ内に保存されているファイルを探す場合のように、階層構造に保存されているデータを探す場面も考えられます。

3-17で解説したように、フォルダのような階層構造のデータ構造は一般に木構造と呼ばれます。これは、木の上下を逆さまにして枝が伸びているように見えることからつけられた名前です。

深さ優先探索と幅優先探索

木構造を探索するとき、**探索を開始するところから近いものをリストアップし、さらにそれぞれを細かく調べていく方法**を幅優先探索といいます。本を読むときに目次を見て全体を把握し、さらにそれぞれの章の概要を読み、さらに内容を読んでいくように、徐々に深く探索していくイメージです。

一方、木構造を1つの方向に進めるだけ進んで、進めなくなったら戻る方法を深さ優先探索（バックトラック）といいます（図4-34）。オセロや将棋、囲碁など対戦型のゲームで探索する場合には必須の探索方法で、**すべてのパターンを探索する**場合によく使われます。

幅優先探索を使うと、**求める条件に合致するものを見つけた時点で処理を終了できる場合**には高速に処理できます。一方で、**すべての答えを見つける場合**には深さ優先探索を使うと、現在探索している位置を保持しておくだけで処理を進められるので、幅優先探索よりもメモリ使用量を抑えられます。

対戦型ゲームなどの場合、探索範囲を狭めるため、点数の高いものだけを残したり優先的に探索したりする枝刈りを使うこともあります（図4-35）。

図4-34	幅優先探索と深さ優先探索

幅優先探索 　　　　　　　　　　　　　　深さ優先探索

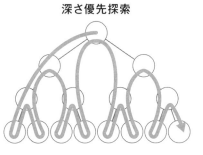

図4-35	対戦型ゲームでの枝刈り

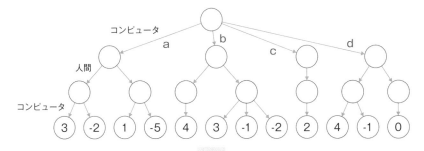

コンピュータは最も点数の高い手を選択　　　　人間は最も点数の低い手を選択

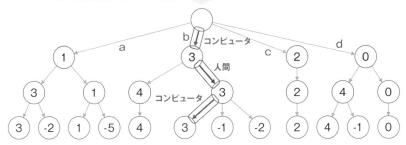

Point

- 木構造の探索方法として幅優先探索と深さ優先探索があり、それぞれの特徴を理解して使い分ける必要がある
- 対戦型ゲームでは枝刈りにより探索範囲を絞ることが重要である

ある文字列から別の文字列を探す

前から探索を繰り返す力任せ法

　長い文章の中から、特定の文字列を探すことはよくあります。例えば「Webサイトを見ながら特定のキーワードがページ内のどこにあるか探す」「議事録を作成していて表記揺れがないか同じキーワードの存在を探す」などです。このとき、Webブラウザや文書作成ソフトが備える検索機能を使う人は多いでしょう。

　このような文字列探索を実現するとき、前から順に一致する文字列を探す方法があります。図4-36のように、1文字目が一致するか比較し、一致すれば1文字ずつ伸ばしながら次の文字を比較していきます。もし一致しなければ、探索対象を1文字ずらし、キーワードの最初の文字から比較することを繰り返すことで、目的のキーワードが存在する場所が見つかります。

　最後まで見つからなければ、そのキーワードが存在しないこともわかります。前から順に力任せで探索を繰り返すので力任せ法といわれます。効率はあまりよくないように思いますが、実用上はこれでも十分です。

一致しなかった分ジャンプして探索するBM法 (Boyer-Moore法)

　力任せ法では、不一致になったときに1文字ずつずらすため、再度キーワードの最初から探索する必要があります。しかし、文章中に、探したいキーワードに存在しない文字があれば、その部分を探すのは無駄です。

　そこで、1文字ずつずらすのではなく、一致しないことがわかった時点で大きくずらすことを考えます。このためには、どれだけの文字数をずらせるのか、事前に計算しておく必要があります。つまり、前処理として、キーワード内の文字について、ずらす文字数を計算しておきます。

　検索する文字列の後ろから比較し、一致しない場合は事前に計算したずらす文字数の分だけ一気に動かします。これにより、一致しない文字が登場すると大きく読み飛ばすことが可能になり、処理速度を改善できます。この方法をBM法 (Boyer-Moore法) といいます (図4-37)。

図4-36　　　　　　　　　　　　　　　　力任せ法

「SHOEISHA SESHOP」から文字列「SHA」を探す場合

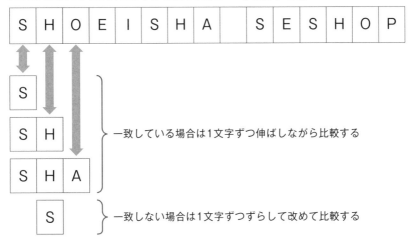

| S | H | O | E | I | S | H | A | | S | E | S | H | O | P |

S

S H

S H A

一致している場合は1文字ずつ伸ばしながら比較する

S

一致しない場合は1文字ずつずらして改めて比較する

図4-37　　　　　　　　　　　　　　　　BM法

「SHOEISHA SESHOP」から文字列「SHA」を探す場合

文字	S	H	その他
ずらす文字数	2	1	3

検索する文字列の末尾からの距離を
計算しておく
※検索する文字列に登場しない文字には、
　検索する文字列の長さを設定しておく

| S | H | O | E | I | S | H | A | | S | E | S | H | O | P |

後ろから比較し、一致しない場合は表の文字数の分だけずらす

| S | H | A |

S

Point

↗ 先頭から順に文字列を探索する方法として力任せ法がある

↗ 文字列探索で工夫した方法としてBM法がある

第4章　ある文字列から別の文字列を探す

135

やってみよう

簡単なプログラムを作ってみよう

　書店で販売されている本など、出版社から刊行されている出版物には「ISBN（国際標準図書番号）」という番号が付与されています。ISBNには10桁と13桁の2種類がありますが、ここでは13桁のISBNについて考えます。

　例えば、この本のISBNは「ISBN978-4-7981-6328-4」です。この最後の1桁は「チェックデジット」と呼ばれ、入力したときに誤りがないか確かめるために使用されます。この書籍の場合は「4」がチェックデジットです。

　チェックデジットの求め方は、次の通りです。

チェックデジット以外の数字に対し、左から順に1、3、1、3…を掛け、それらの和を計算する。この和を10で割ったあまりを10から引く。ただし、10で割ったあまりの下1桁が0のとき、チェックデジットは0とする。

　この本（『図解まるわかり プログラミングのしくみ』）の場合、

$9×1+7×3+8×1+4×3+7×1+9×3+8×1+1×3+6×1+3×3+2×1+8×3$
$=9+21+8+12+7+27+8+3+6+9+2+24=136$

　136÷10=13あまり6なので、10−6＝4で、チェックデジットは4です。

　13桁の数字のみで構成されるISBNを引数として受け取り、チェックデジットを返す関数「check_digit」を次のように作成したとき、次のア、イに入れるコードを考えてください。

> | **check_digit.py**

```python
def check_digit(isbn):
    sum = 0
    for i in range(len(isbn) - 1):
        if [   ア   ]:
            sum += int(isbn[i])
        else:
            sum += int(isbn[i]) * 3

    if [   イ   ]:
        return 10 - sum % 10
    else:
        return 0
```

第5章

設計からテストまで
〜知っておきたい開発方法とオブジェクト指向の基本〜

≫ 読みやすいソースコードを書く

プログラムの動作に影響しないコメント

コンピュータはソースコードに書かれている通りに処理を実行しますが、ソースコードには人間が読むためのメモなどを書くことがあります。例えば、複雑な処理を実装した場合、その処理がなぜ必要なのか理由を残しておけば、ソースコードを読み返したときにスムーズに理解できます。

このような部分はコンピュータに実行してほしくないため、特殊な記述が使われ、コメントと呼ばれます（図5-1）。例えば、C言語やPHP、JavaScriptなどでは「/*」と「*/」で挟んだ部分や、行単位で「//」以降がコメントとなり、PythonやRubyでは行単位で「#」以降がコメントとなります。**コメントはプログラムの動作には影響ありません。**

プログラマはソースコードを読めば何をしているのかを理解できますが、なぜそのような実装になったのか背景や理由はわからないものです。背景や理由、ソースコードの要約など、読んだ人の理解を助ける情報を書いておくとよいでしょう。

プログラムを見やすくするインデントとネスト

多くのプログラミング言語では、ソースコード中にある複数のスペースやタブは無視されることが一般的です。この特徴を生かして、**人間がソースコードを見やすくする**目的で、条件分岐やループなどの制御構造の内側にある行の先頭に同じ数のスペースやタブを入れることがあります。これをインデント（字下げ）といいます（図5-2）。

条件分岐の中にループがあるなど、何段階にも制御構造が使われている場合、その**インデントを深くする方法**が使われ、ネスト（入れ子構造）といいます。一般的にはインデントはプログラムの実行には影響しませんが、Pythonではインデントによってプログラムの構造を記述するしくみになっており、インデントの位置を変えるだけで動作が変わってしまうので、注意が必要です。

図5-1	コメントの例

> | C言語の場合

```c
/*
 * 消費税を計算する
 * price: 金額
 * reduced: 軽減税率対象かどうか
 */
int calc(int price, int reduced){
    if (reduced == 1){
        // 軽減税率対象の場合は8%
        return price * 0.08;
    } else {
        // 軽減税率対象外の場合は10%
        return price * 0.1;
    }
}
```

> | Pythonの場合

```python
# 消費税を計算する
# price: 金額
# reduced: 軽減税率対象かどうか
def calc(price, reduced):
    if reduced:
        # 軽減税率対象の場合は8%
        return price * 0.08
    else:
        # 軽減税率対象外の場合は10%
        return price * 0.1
```

図5-2	インデント

> | C言語の場合

```c
#include <stdio.h>

int main(){
    int i, j;
    for (i = 2; i <= 100; i++){
        int is_prime = 1;
        for (j = 2; j * j <= i; j++){
            if (i % j == 0){
                is_prime = 0;
                break;
            }
        }
        if (is_prime == 1){
            printf("%d¥n", i);
        }
    }
    return 0;
}
```

インデント

> | Pythonの場合

```python
import math

for i in range(2, 101):
    is_prime = True
    for j in range(2, int(math.sqrt(i) + 1):
        if i % j == 0:
            is_prime = False
            break

    if is_prime:
        print(i)
```

インデント

Point

✏ コメント部分はプログラムの動作には影響しないが、ソースコードを人間が読みやすく（理解しやすく）するために記述される

✏ インデントを使ってソースコードの行頭をそろえて読みやすくする

≫ ソースコードを書く ルールを決める

ソースコードにおける名前の付け方

　プログラムを開発していると、名前をつける場面はたくさんあります。変数や関数、クラスやファイルなどを識別するためには名前が必要です。アルファベットや数字などプログラミング言語によって名前に使える文字に制限はありますが、その制限の中であれば自由に名前をつけられます。

　しかし、変数名や関数名に適当な名前をつけてしまうと、後でソースコードを読んだときにその変数や関数が何をしているのかわからなくなってしまいます。そこで、**誰が見てもその意味を理解できる名前**をつけることが求められます。

　このときに命名規則と呼ばれるルールがあり、多くの記法が考えられています。例えば、ハンガリー記法（ハンガリアン記法）は変数名などに使われるルールで、名前の先頭に接頭辞をつけます（図5-3）。変数名の場合、接頭辞を見るだけで変数の型がわかるというメリットがあります。

　また、大文字と小文字の使い方でキャメルケース、スネークケース、Pascalケースなどがあります（図5-4）。言語によって、推奨されている記法があるため、**名前をつける場合にはそのルールに従いましょう**。

ソースコードの品質を高めるための記述ルール

　命名規則以外にも、プログラムの保守性と品質を高めるためにプロジェクトごとに記述ルールが決められていることが一般的です。このようなルールをコーディング規約といいます（図5-5）。

　例えば、インデントにスペースを使うのかタブを使うのか、スペースの場合は何桁にするのか、ブロックを表現する括弧をどのように配置するか、コメントの書き方はどうするかなどが定められています。

　プログラミング言語によって**標準的なガイドラインが定められている**場合もあり、定められたルールに沿っているかチェックするツールや自動整形するツールが用意されていることもあります。

図5-3　ハンガリー記法（ハンガリアン記法）の例

接頭辞	意味	使用例
b	論理型	bAgreeFlag
ch	文字型	chRank
n	整数型 (int)	nCount
s	文字列型	sUserName
h	ハンドル型	hProcWindow

図5-4　大文字・小文字の使い方

名前	書き方	使用例
キャメルケース	最初の単語以外の先頭を大文字	getName
スネークケース	単語間にアンダーバー	get_name
Pascalケース	単語の先頭を常に大文字	GetName
ケバブケース	単語間にハイフン	get-name

図5-5　Pythonのコーディング規約 PEP-8の例

コードのレイアウト

- インデントは半角スペース4つ
- 1行の長さは79文字以下
- トップレベルの関数やクラスは、2行ずつ空けて定義
- クラス内部では、1行ずつ空けてメソッドを定義
- ソースコードはUTF-8

など

式や文中の空白文字

- 括弧やブラケット、波括弧の始めの直後と、終わりの直前には空白を入れない
- カンマやセミコロン、コロンの直前には空白を入れない

など

命名規約

- モジュールの名前は、すべて小文字の短い名前（アンダースコアを使っても構わない）
- パッケージの名前はすべて小文字の短い名前（アンダースコアを使うのは推奨されない）
- クラスの名前はCapWords方式（Pascalケース）

など

Point

🖋 言語によって、命名規則やコーディング規約は異なるため、それぞれの言語に合わせて変数名や関数名、クラス名などをつける必要がある

🖋 Pythonのコーディング規約としてPEP-8がある

» 実装の不具合を取り除く

テストは問題を早く見つけるために必要

プログラムを作成したとき、そのプログラムが正しく処理できるか確認する作業は必須です。正しいデータを正常に処理できることはもちろん、**誤ったデータが与えられたときも異常終了することなく適切な処理を実行する**必要があります。

テストを実施したところ、想定と異なる結果になってしまったときは、その原因を調査し、プログラムを修正する必要があります。早い段階で問題を見つけるために、さまざまな段階でテストが実施されます（図5-6）。

小さな単位でテストする

プログラム全体ではなく、**関数や手続き、メソッドなどの単位でテストする方法**に単体テスト（ユニットテスト）があります。名前の通り、小さな単位でテストを行う方法で、**プログラムの個々の部分が問題なく実装されていること**を確認するために使われます。

単体テストでは、JUnitやPHPUnitなどの自動化ツールを使うことが一般的で、プログラミング言語ごとにツールが用意されています。一般にxUnitと呼ばれており、実行したテスト結果を「Red（失敗）」と「Green（成功）」という2色で表現することで状況をわかりやすく把握できます。

複数のプログラムをつなげてテストする

ある程度の規模になると、ソフトウェアは複数のプログラムから構成されます。そこで、**複数のプログラムを結合して行う方法**を結合テスト（インテグレーションテスト）といいます。単体テストが済んでいるプログラム間のインターフェイスが一致しているか、などをチェックするために実施します。このため、インターフェイステストとも呼ばれます。

単体テストと結合テストの関係を示すと図5-7のようになります。

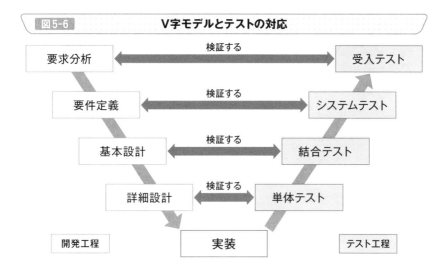

図5-6 V字モデルとテストの対応

要求分析 ←―― 検証する ――→ 受入テスト

要件定義 ←―― 検証する ――→ システムテスト

基本設計 ←―― 検証する ――→ 結合テスト

詳細設計 ←―― 検証する ――→ 単体テスト

開発工程　　　　　　実装　　　　　　テスト工程

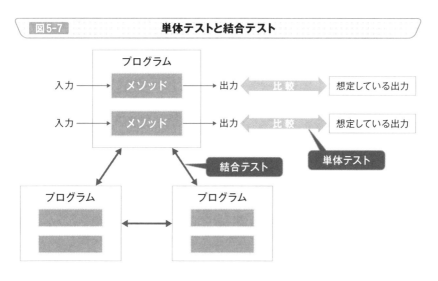

図5-7 単体テストと結合テスト

プログラム

入力 → メソッド → 出力 ← 比較 → 想定している出力

入力 → メソッド → 出力 ← 比較 → 想定している出力

結合テスト　　　　単体テスト

プログラム　　　　プログラム

Point

- 関数や手続き、メソッドなどの単位で実施するテストを単体テストといい、詳細設計に対応する
- 複数のプログラムを結合して実施するテストを結合テストといい、基本設計に対応する

》 求める要件を満たしているか確認する

システム全体としての動作を確認する

　単体テストや結合テストが終わると、最終的にできあがったソフトウェアだけでなく、**実際に使うハードウェアでシステム全体のテスト**を実施します。これを**システムテスト**（総合テスト）といい、「基本設計段階で想定した機能が正しく処理できるか」「想定した時間内に処理できるか」「システムの負荷は問題ないか」「セキュリティ上の不備がないか」などを確認するために行われます（図5-8）。

　システムテストは開発者側の最終テストであり、ここで問題がなければ発注者（利用者）側に引き渡されます。つまり、**発注側が要求した機能や性能を満たしているかを検証するために行われます。**

　前ページの図5-6にあるように、要件定義書に書かれているものを確認するテストですが、実際には発注した機能が実装されているか判断する機能要件だけでなく、「求められる性能を満たしているか」や「セキュリティ上の問題がないか」という非機能要件まで含めて確認します。

発注者側でテストを実施する

　単体テストや結合テスト、システムテストが開発者側で行われるテストなのに対し、**発注者（利用者）側で実施するテスト**のことを**受入テスト**といいます。要件定義段階で設定した要件を満たしているか確認し、問題なければ検収となります。

　ただし、「発注者側に専門知識がなくテストを実施できない」「必要な人員やコストを確保できない」などの理由により、開発者とは別の事業者に受入テストの一部や全部を委託する場合もあります。

　システムの内容によっては、本番環境で稼働した後もしばらくの間、**確認のための期間（受入テスト期間）を設ける**こともあり、実際に運用することから運用テストと呼ばれることもあります。一部の利用者で試しに導入し、問題なければ利用者数を増やしていく方法もあります（図5-9）。

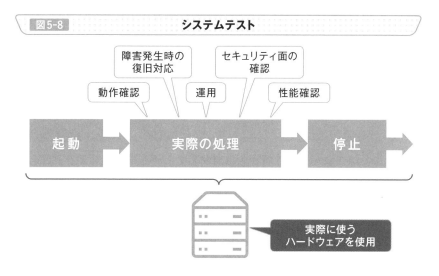

図5-8　システムテスト

障害発生時の
復旧対応

セキュリティ面の
確認

動作確認　運用　性能確認

起動　実際の処理　停止

実際に使う
ハードウェアを使用

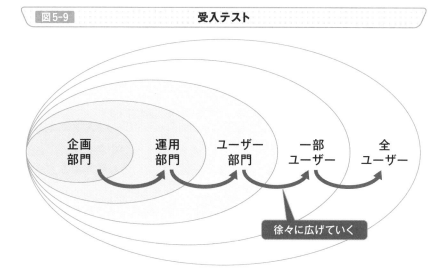

図5-9　受入テスト

企画
部門　運用
部門　ユーザー
部門　一部
ユーザー　全
ユーザー

徐々に広げていく

Point

🖉 開発が一通り終了した段階で、開発者によって実施されるシステム全体
のテストのことをシステムテストという

🖉 要件を満たしているか発注側で確認するテストのことを受入テストという

» テストの手法を知る

プログラムの入出力だけに着目してテストする

　思いつくままにテストを行うのは非効率なため、チェックする項目を明確にしてテストを実施する必要があります。このとき、**ソースコードを見ずにプログラムの入出力だけに注目し、プログラムの動作が仕様通りかどうかを判定する方法**をブラックボックステストといいます（図5-10）。

　「あるデータをプログラムに入れたときに、そのプログラムから出力された値が想定している結果と一致するか」「ある操作を行ったときに求めている動作をするか」などをチェックします。ソフトウェアの開発においては仕様が定められているため、この仕様に沿ってテストケースを設定し、それぞれ正しい結果が得られるかを検証します。

　実装されたソースコードを見る必要がないため、単体テストや結合テスト、システムテストや受入テストなど幅広いテストに利用できます。

ソースコードの中身を見てテストする

　ブラックボックステストとは異なり、**ソースコードの中身を見て、各処理に使われている命令や分岐、条件などを網羅しているか確認する方法**にホワイトボックステストがあります。

　ホワイトボックステストのチェック指標として網羅率（カバレッジ）があり、図5-11の命令網羅や分岐網羅、条件網羅などが使われます。ソースコード中のすべての命令、分岐、条件に対して処理が実行され、その結果が想定したものと同じであればテストを完了できます（図5-12）。

　ホワイトボックステストでは、あくまでも通過するパスを調べているだけのため、条件の記述ミスなどを見つけることはできません。ソースコードレビューなどで見つけられる場合もありますが、このようなバグを発見するにはブラックボックステストが必要です。このため、基本的にはブラックボックステストを実施し、ホワイトボックステストで補完するという使い方が一般的です。

図5-10	ブラックボックステスト

事前に用意

入力 ➡ プログラム ➡ 出力 ⬅ 比較 ➡ 期待される出力

図5-11	カバレッジの測定条件

カバレッジ	内容	詳細
C0	命令網羅	すべての命令を実行したか
C1	分岐網羅	すべての分岐を実行したか
C2	条件網羅	すべての組み合わせを少なくとも1回実行したか

図5-12	分岐網羅と条件網羅の違い

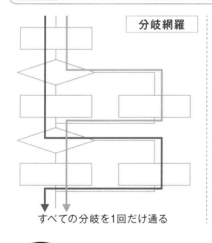

分岐網羅

すべての分岐を1回だけ通る

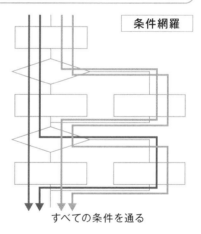

条件網羅

すべての条件を通る

Point

- プログラムの入出力だけに着目するテスト方法をブラックボックステストといい、定められたテストケースに対して正しい結果が得られるか確認する
- ソースコードの中身を見て、命令や分岐、条件などを網羅しているか確認するテスト方法にホワイトボックステストがある

>> ブラックボックステスト技法の手法を学ぶ

代表的な値でテストを実施する

　ブラックボックステストでは、プログラムの入出力だけに注目しますが、すべてのデータや操作を調べるのは大変なので、うまく工夫してテストを実施します。すぐに思いつくのは、代表的な値だけをテストする方法です。

　入力や出力を同じように扱えるグループに値を分け、それぞれの代表的な値を用いてテストを行う方法を同値分割といいます。グループの中から適当に選んだ1つだけを試すことで効率よくテストできます。

　例えば、与えられた最高気温から「猛暑日」「真夏日」「夏日」「真冬日」「それ以外」に分けるプログラムの場合、それぞれに分類されるような最高気温を「37℃、32℃、28℃、15℃、-5℃」のように1つずつ選び、正しく分類されれば問題ないと判断できます（図5-13）。

境界の前後の値でテストを実施する

　判定条件を実装するときに発生しやすい不具合として、条件の境界の誤りがあります。例えば、ある値で判定するとき、**「以下」と「未満」を読み間違える**と、結果が変わってしまいます。

　そこで、**入力と出力を同じように扱えるグループに値を分け、その境界となる値を用いてテストを行う方法**を境界値分析（限界値分析）といいます。境界となる値を使うことで、プログラム中で分岐する条件が正しく実装されているか判断できます。

　与えられた最高気温から「猛暑日」「真夏日」「夏日」「真冬日」「それ以外」に分けるプログラムを例にすると、その条件は図5-14のように設定されています。

　これを正しく判定するため、「36℃、35℃、34℃、31℃、30℃、29℃、26℃、25℃、24℃、1℃、0℃、-1℃」のデータを使います。

　一般的には、同値分割と境界値分析を組み合わせてテストを実施します。

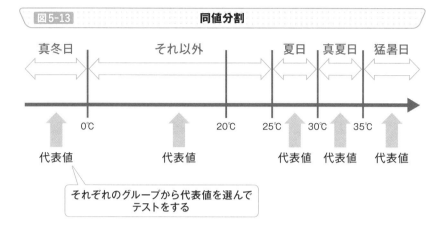

図5-13　同値分割

真冬日　　それ以外　　夏日　真夏日　猛暑日

0℃　　　　　　20℃　25℃　30℃　35℃

代表値　　　　代表値　　　代表値　代表値　代表値

それぞれのグループから代表値を選んで
テストをする

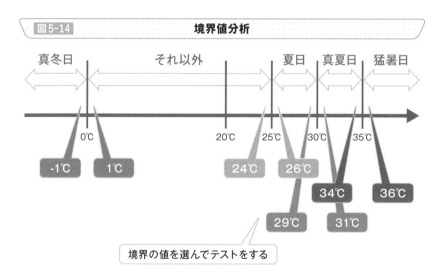

図5-14　境界値分析

真冬日　　それ以外　　夏日　真夏日　猛暑日

0℃　　　　　　20℃　25℃　　30℃　　35℃

-1℃　　1℃　　　24℃　26℃
　　　　　　　　　　　　　　34℃　　36℃
　　　　　　　　　　29℃　　31℃

境界の値を選んでテストをする

Point

📝 グループ分けした中から代表的な値を選んで効率よくテストする方法を
同値分割という

📝 境界となる値を使って条件が正しく実装されているかチェックする方法
を境界値分析という

≫ 不具合を発見し、管理する

プログラムの問題点を見つけ出す

　プログラムが想定した通りに動かないことをバグ（不具合）といいます。ソースコードを記述する際に作り込まれる「実装時のバグ」だけでなく、そもそも設計の段階で誤っている「設計時のバグ」などもあります。

　また、バグを取り除き、正しく動くように修正することをデバッグといいます（図5-15）。実際には、**バグを見つける作業のことも含めてデバッグと呼ぶ**こともあります。

　法的な文書ではバグのことを「瑕疵」ということもあります。

デバッグに役立つツール

　プログラムのバグを探す作業を支援するソフトウェアのことをデバッガといいます。作成したプログラムを一気に実行するのではなく、「指定された場所で処理を一時的に停止する」「1行ずつ実行して変数に代入されている値を表示する」などの機能を持っています。

　デバッガを使うことで、誤った計算が行われていたり、想定外の値が格納されていたりしないか確認しながら処理を進められるため、バグが存在する場所を調査するのに役立ちます。

　ただし、バグがある場所を自動的に調べてくれるのではなく、あくまでも**プログラマがバグを見つけることを支援する**だけであることに注意が必要です。

　バグを発見するとそれを修正するのですが、管理者としてはバグの発生件数や対応の優先度などを考える必要があります。そこで用いられるのがBTS（バグトラッキングシステム）です（図5-16）。

　BTSを使って管理することで、「誰がいつ発見したのか」「どのようにすれば発生するのか」「誰がどのように修正するのか」「どれくらい重要な機能なのか」などを管理できます。また、修正状況を管理することで、今後のソフトウェア開発に生かすこともできます。

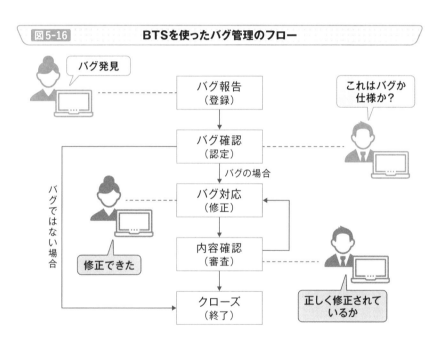

図5-15 デバッグの手法

机上デバッグ

目視で
チェック

デバッグ用に出力

```
printf("%d", value);
```

```
C:¥>xxx.exe
5
6
7
```

実行

デバッガの使用

1行ずつ
実行

現在の値：6

ツールでステップ実行

図5-16 BTSを使ったバグ管理のフロー

バグ発見

バグ報告
（登録）

これはバグか
仕様か？

バグ確認
（認定）

バグの場合

バグ対応
（修正）

バグではない場合

修正できた

内容確認
（審査）

正しく修正されて
いるか

クローズ
（終了）

Point

🖊 プログラムが想定通りに動かないことをバグという

🖊 バグを取り除いたり、バグを見つけたりする作業をデバッグといい、デ
バッグを支援するソフトウェアをデバッガという

🖊 バグを管理するソフトウェアにBTSがある

≫ ソフトウェアを実行せずに 検証する

問題点の有無を目視でチェックする

　ホワイトボックステストやブラックボックステストは、コーディングの後のテスト工程で行われることが一般的です。つまり、コーディングがある程度終わらないとテストを実施できません。

　しかし、テストで誤りが見つかると、**必要な段階まで戻っての修正（手戻り）** が必要です。設計段階でミスがあった場合は設計書を修正しなくてはなりません。誤りを早い段階で見つけられれば、手戻りを防ぎ、影響を最小限に抑えられます。

　そこで、テストより前の段階で検証することが考えられ、第三者がドキュメントやソースコードを目視でチェックすることをインスペクションといいます。ドキュメントの場合はレビュー、ソースコードの場合はコードインスペクションやコードレビューと呼ぶこともあります（図5-17）。

ソースコードをツールで診断する

　インスペクションは人間が実施する作業なのに対し、コンピュータを使ってソースコードを診断する作業を静的解析（静的コード解析、静的プログラム解析）といい、このようなツールを静的解析ツールと呼びます。

　ソースコードを実行することなく、ソースコードに含まれるさまざまな問題を発見する方法で、自動的に実行できるため人間がチェックするよりも速く済みます。ただし、ツールが対応している項目や設定した項目以外はチェックできません。

　静的解析で使われる指標として、ソースコードの規模や複雑さ、保守性などを定量的に示すソフトウェアメトリックスがあり、これらの指標を用いることで保守しにくいコードの早期発見や保守の負担軽減、レビューの品質向上などが期待できます（図5-18）。

　ソフトウェアを動作させる必要がないため、開発プロセスの早い段階で実施することで手戻りを防ぐことにつながります。

インスペクションやレビュー

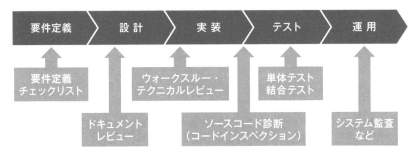

 ソフトウェアメトリックスの例

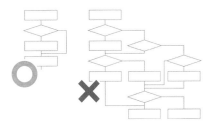

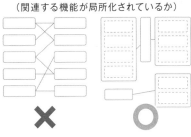

Point

- ✐ ドキュメントやソースコードを目視でチェックすることをインスペクションといい、問題の早期発見に役立てる
- ✐ 静的解析ツールを使うことで保守しにくいコードを防ぐ

ソフトウェアの企画から 利用終了までを考える

業務をモデル化してシステム化計画を立案する

第1章でも書いたように、開発作業は大きく要件定義から設計、実装、テスト、リリースという手順に分けられます。このように**ソフトウェアの企画から利用終了まで**の全体の流れをソフトウェアライフサイクルといいます（図5-19）。具体的には、企画、要件定義、開発、導入、運用、保守というサイクルをたどるとされています。

つまり、ソフトウェアの開発の前段階として企画があり、リリースした後も運用や保守といった工程が必要となります。ソフトウェアは開発して終わりではなく、リリースした後に要望や不具合による修正が発生し、その対応が求められるのです。

実際には、保守の後に廃棄まで含める場合もあります。「業務がなくなった」「新たなシステムと入れ替えた」などの理由により該当のソフトウェアが使用されなくなることもあり、ソフトウェアライフサイクルではこれらの**全体を考慮し、業務をモデル化すること**が求められます。

開発と運用の協力体制

ソフトウェアライフサイクルを考えたとき、すべての工程を同じ人が担当するわけではありません。多くの会社では、主に開発を担当する部門と、運用・保守を担当する部門が分かれています。

しかし、昨今では運用の信頼性を向上するだけでなく、開発から保守まで一貫して対応することで生産性の向上につなげようという機運が高まっており、DevOps と呼ばれています（図5-20）。Development（開発）とOperations（運用）の先頭を取った言葉で、これらが密に連携することでエンジニアにとっても幅広いスキルを磨けるだけでなく、顧客のニーズにも応えられるため注目されています。

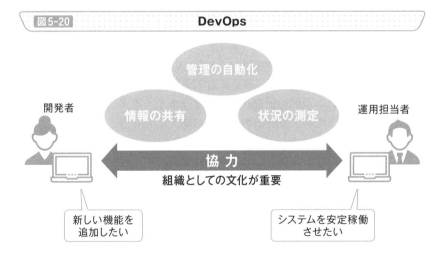

図5-19　ソフトウェアライフサイクル

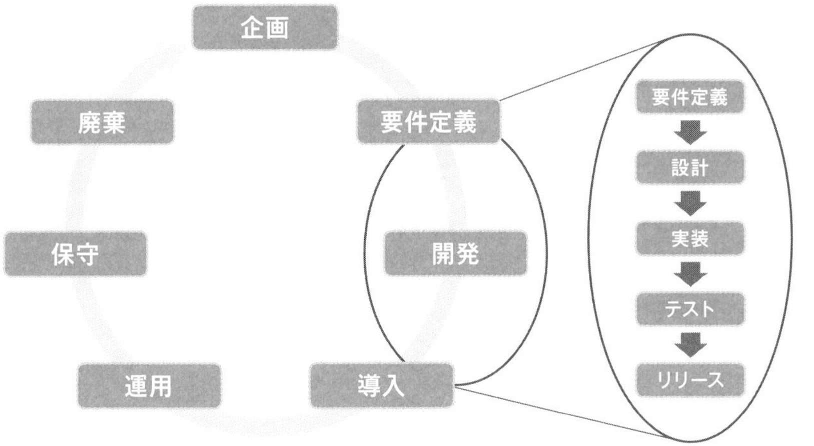

企画

廃棄

要件定義

保守

開発

運用

導入

要件定義
↓
設計
↓
実装
↓
テスト
↓
リリース

図5-20　DevOps

管理の自動化

開発者

情報の共有

状況の測定

運用担当者

協力
組織としての文化が重要

新しい機能を
追加したい

システムを安定稼働
させたい

Point

📝 ソフトウェアは導入すれば終わりではなく、廃棄まで考えて業務をモデル化し、システム化計画を立案する必要がある

📝 ソフトウェアの開発に際しては、開発と運用を別々に考えるのではなく、協力体制が重要である

≫ ソフトウェア開発の プロセスを自動化する

自動的にビルドやテストを実行

ソフトウェアの開発でトラブルが起きやすいのは、複数の開発者が開発したものを統合するときです。個々のプログラムはそれぞれが綿密にテストを実施して問題なく動作していても、それらを1つのシステムとして動かそうとすると、うまく動かないことがあります。

早い段階で認識の不一致などに気づければ影響は少なく済みますが、それぞれが長い時間をかけて開発を進めていて、開発の後半で問題が発生すると影響が大きくなります。

そこで、できるだけ細かくソースコードをコミットし、コミットした段階で自動的にビルドやテストが実行され、失敗した場合は即時フィードバックされるしくみが考えられています。

このような方法を CI（Continuous Integration：継続的インテグレーション）といいます（図5-21）。CIを実行することで、**問題が発覚するまでの時間を短縮でき、原因の調査が容易になります**。また、問題が発覚した際の後戻りが減るため、**チームの生産性の向上**にも貢献します。

いつでもリリースできる状態を保つ

CIと同時に語られることが多いのがCD（Continuous Delivery：継続的デリバリー）です（図5-22）。これは、ソフトウェアをいつでもリリースできる状態にしておくことです。

CDにより、管理者や経営者がリリースしたいタイミングで、その時点の最新の内容をリリースできます。また、リリースするスピードを上げることで、**市場からのフィードバックを速やかにソフトウェアに反映できます**。

CIでビルドやテストが実行され、問題が見つからなかった場合に自動的に本番環境にリリースするところまで実行することもCDと呼ぶことがあり、この場合は継続的デプロイメント（Continuous Deployment）といわれます。

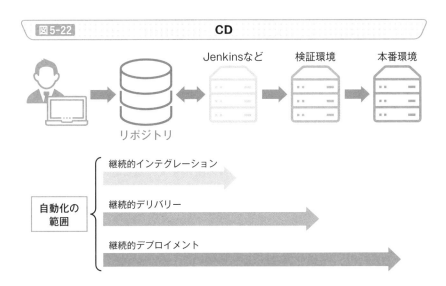

図5-21　CIの流れ

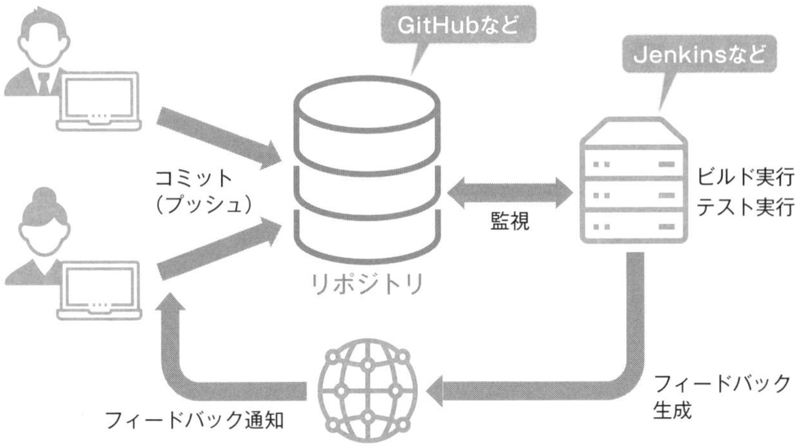

GitHubなど

Jenkinsなど

コミット
（プッシュ）

監視

リポジトリ

ビルド実行
テスト実行

フィードバック
生成

フィードバック通知

図5-22　CD

Jenkinsなど　　検証環境　　本番環境

リポジトリ

自動化の
範囲

継続的インテグレーション

継続的デリバリー

継続的デプロイメント

Point

CIにより早い段階で問題の発生を防ぐことで開発の効率を高められる

CDによりリリースのスピードを上げることが求められている

CIとCDをあわせて「CI/CD」と呼ばれることもある

》動作を変えずに ソースコードを整理する

読みにくいソースコードができる理由

　一度しか使わないスクリプトのような簡易プログラムであれば、「とりあえず動く」ソースコードでも問題ありませんが、何年も使うような基幹システムや複数人が開発に関わる大規模なソフトウェアでは機能追加や仕様変更がたびたび発生します。

　当初は丁寧に設計していても、急な仕様変更があると場当たり的な対応が発生し、拡張性などを意識しないソースコードができあがってしまいます（図5-23）。そのまま開発を進めていると、**処理の内容を理解するのも困難になり、スムーズな改変やメンテナンスが行えません。**

内容は変えずに中身を整えるリファクタリング

　文章を整える校正という作業がありますが、ソースコードの場合も読みやすく修正する必要があります。しかし、ソフトウェアの開発が進んでくると、問題なく動いているソースコードは変更したくありません。修正することで新たな不具合を埋め込んでしまう可能性があるからです。

　そこで、すでに存在する**プログラムの動作を変えることなくソースコードをよりよい形に修正**することがあり、これを**リファクタリング**といいます。「動作を変えることなく」という部分がポイントで、慎重に作業を進める必要があります（図5-24）。これを実現するために、さまざまな工夫が行われています。

　例えば、現在のプログラムの仕様に沿ったテストコードを事前に作成しておきます。リファクタリングでソースコードを修正した結果、テストコードの実行結果が変わった場合は誤った修正を行ったことになります。つまり、テストコードがあることで、**不具合が発生しているか確認しながら作業を進められる**ため、安心してリファクタリングできます。

　また、どの程度修正すれば保守しやすくなるのか判断するために、静的解析などによるソフトウェアメトリックスの指標などを使います。

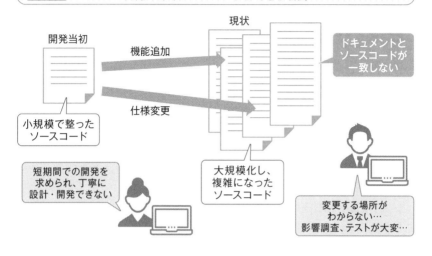

図5-23　**問題のあるソースコードができる理由**

現状

開発当初

機能追加

ドキュメントと
ソースコードが
一致しない

小規模で整った
ソースコード

仕様変更

短期間での開発を
求められ、丁寧に
設計・開発できない

大規模化し、
複雑になった
ソースコード

変更する場所が
わからない…
影響調査、テストが大変…

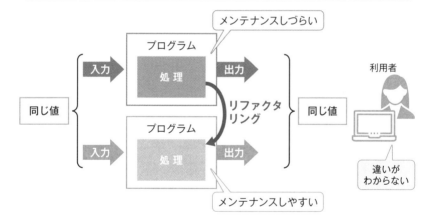

図5-24　**リファクタリング**

メンテナンスしづらい

プログラム

処理

入力　出力

同じ値

リファクタ
リング

利用者

同じ値

違いが
わからない

プログラム

処理

入力　出力

メンテナンスしやすい

 Point

- リファクタリングしても動作は変わらないため、同じ入力に対しては同じ出力が得られる
- リファクタリングの指標として、ソフトウェアメトリックスを使うことがある

自動テストを前提に開発を進める

チェックするコードを事前に作成

　ソフトウェアを開発する中で、テストの工程は後半だというイメージがある人は少なくありません。「設計段階で作成された仕様通りに実装されていることを確認する」という意味ではテストの工程は後半になりますが、最近ではその順番が少し変わってきています。

　テスト駆動開発という開発方法では、テストを前提として開発を推進します。開発前の段階で、実現したい仕様をテストコードとして記述することで、**実装するコードがテストを通過するか**を確認しながら作業を進められるのです（図5-25）。これにより、不具合を作り込むことを防ぎます。

　このようにテストコードから書き始める方法はテストファーストと呼ばれています。テストコードを動作させるために必要な最低限のコードを実装し、**テストコードが失敗しないように**コードを修正していくのです。

　テストコードが成功しているか失敗しているか判断する作業が自動化できると効率的なため、テスト駆動開発では単体テストツールがよく使われています。

変更を受け入れて柔軟に対応する

　ウォーターフォールなどの開発手法ではドキュメントが重要視され、開発前に仕様を定義することが求められたのに対し、**変更が発生することを当然のものと考えて積極的に対応する開発方法**としてXP（エクストリーム・プログラミング）があります。

　アジャイルソフトウェア開発の代表的な方法として知られ、自動テストの導入などにより、変更が発生しても柔軟に対応できるように工夫されています。ドキュメントよりもソースコードを重視する考え方が、テスト駆動開発とあわせて多くのプログラマに受け入れられています。

　図5-26のような5つの価値と19の具体的なプラクティス（実践）が定義されており、これまでの手法とは開発者の意識を変える必要があります。

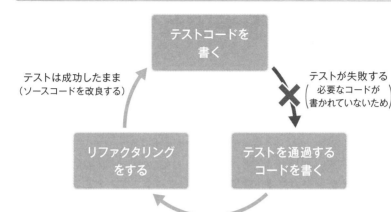

| 図5-25 | テスト駆動開発の流れ |

```
        ┌──────────────┐
        │  テストコードを  │
        │    書く      │
        └──────────────┘
```

テストは成功したまま
（ソースコードを改良する）

テストが失敗する
（必要なコードが
書かれていないため）

リファクタリング
をする

テストを通過する
コードを書く

テストが成功する
（動くコードになる）

| 図5-26 | XPにおける5つの価値と19のプラクティス |

共同の プラクティス	開発の プラクティス	管理者の プラクティス	顧客の プラクティス
・反復 ・共通の用語 ・開けた作業空間 ・回顧	・テスト駆動開発 ・ペアプログラミング ・リファクタリング ・ソースコードの共同所有 ・継続的インテグレーション ・YAGNI	・責任の受け入れ ・援護 ・四半期ごとの見直し ・ミラー ・最適なペースの仕事	・ストーリーの作成 ・リリース計画 ・受入テスト ・短期リリース

5つの価値
コミュニケーション、シンプル、フィードバック、勇気、尊重

Point

- テスト駆動開発では、テストが成功することで手戻りが発生しないことを確認しながら作業を進められ、バグが少ないことが期待できる
- XPはビジネス上の要求が変化しても対応しやすい開発手法だといえる

» データの構造や流れを可視化する

データベースの設計に図を使う

プログラムからデータを扱うとき、ファイルだけでなくデータベースに保存することがあります。データベースでは表形式で保存しますが、1つのテーブル（表）ではなく図5-27のように複数のテーブルに分割して格納することで**データの管理が容易になり、データを変更する場合も最小限の修正で済みます。**

このとき、「それぞれのテーブルをどのような構成で保存するか」「他のテーブルのどの項目と紐付けるか」を考えます。データベースを設計するとき、これを図で表現することで、頭の中を整理できるだけでなく、他の人にも説明しやすくなります。

このときに使われるのがER図です。ER図は名前の通り「実体（Entity）」と「関連（Relationship）」をモデル化して図示したもので、さまざまな表記法があります。最近では図5-28のIE記法が多く使われています。

IE記法は、実体をいくつ保持するか（多重度）を図のように丸と線で表現し、その形が鳥の足に似ていることから「鳥の足記法」とも呼ばれています。

データの流れを可視化する

データベースに限らず、「**情報システム全体としてデータがどのように流れていくか**」、「**データがどこから与えられ、どこに格納されるか**」を表現する図に DFD があります。

DFDでは、データの流れと処理を、「外部実体（人間や外部システムなど）」、「データストア（データの保管場所）」「プロセス（処理）」「データフロー（データの流れ）」の4つで表現します。

DFDにもさまざまな表記法がありますが、図5-29のような「Yourdon & DeMarco記法」がよく使われており、外部実体を四角で、データストアを2本の線、プロセスを丸、データフローを矢印で表現します。

図5-27	複数のテーブルの例

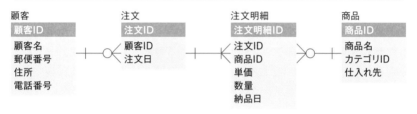

顧客

顧客ID	顧客名	郵便番号	住所	電話番号
K00001	翔泳太郎	160-0006	東京都新宿区	03-5362-3800
K00002	佐藤一郎	112-0004	東京都文京区	03-1111-2222
K00003	山田花子	135-0063	東京都江東区	03-9999-8888

商品

商品ID	商品名	カテゴリID	仕入れ先
A0001	高級ペン	C001	○×商社
A0002	化粧箱	C002	□☆物流
A0003	万年筆	C001	△○事務所

注文

注文ID	顧客ID	注文日
T000001	K00001	2020/07/01
T000002	K00001	2020/07/02
T000003	K00002	2020/07/10

注文明細

注文明細ID	注文ID	商品ID	単価	数量	納品日
M0000001	T000001	A0001	¥1,600	10	2020/07/01
M0000002	T000002	A0002	¥2,500	20	2020/07/02
M0000003	T000003	A0003	¥1,980	10	2020/07/10

図5-28	ER図（IE記法）の例

顧客

顧客ID

顧客名
郵便番号
住所
電話番号

注文

注文ID

顧客ID
注文日

注文明細

注文明細ID

注文ID
商品ID
単価
数量
納品日

商品

商品ID

商品名
カテゴリID
仕入れ先

図5-29	DFD（Yourdon & DeMarco 記法）の例

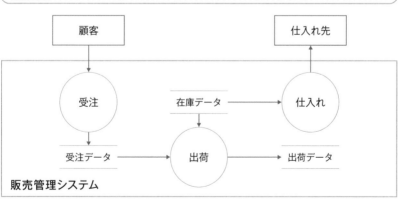

顧客

仕入れ先

受注

在庫データ

仕入れ

受注データ

出荷

出荷データ

販売管理システム

Point

🖊 データベースのモデル化方法としてER図がよく使われる

🖊 データの流れを表現するためにDFDがよく使われる

» コンパイルを自動化する

プログラムを実行できるようにする「ビルド作業」

C言語やJavaなどのコンパイラ型の言語では、ソースコードを作成した後にコンパイルやリンクといった作業が必要です（図5-30）。これらを**ビルド**といいます。ソースコードが1つだけのシンプルなプログラムであればコンパイルコマンドを実行するだけですが、**大規模なソフトウェアになると複数のソースコードから構成される**ことは少なくありません。

それぞれのソースコードを1つずつコンパイルしていると、処理に時間もかかりますし、一部のコンパイルを忘れる可能性もあります。また、変更がないソースコードはコンパイル作業が不要であるか確認が必要です。

C言語などに多く使われるビルド自動化ツール

これらの作業を自動化するツールとして長く使われているのが make です。自動的に実行する処理を記述したMakefileというファイルを作成することで、どんなに複雑な手順であってもmakeというコマンドを実行するだけで実行できます（図5-31）。**変更していないファイルはコンパイル作業を実施しない**ため、コンパイル時間の短縮にもつながります。

Linux環境では多くのソフトウェアのインストールにmakeコマンドが使用されているため、「configure」→「make」→「make install」という手順に慣れている人もいるかもしれません。

Javaなどで使われるビルド自動化ツール

makeは歴史のあるツールですが、Javaの環境ではAntがよく使われています。Javaで作られているため、幅広い環境で実行できるだけでなく、**XML形式で設定ファイルを記述するため、開発者にとって内容が読みやすい**ことが特徴です。最近ではAntをさらに改善した、MavenやGradleなど便利な機能を備えたビルドツールも登場しています。

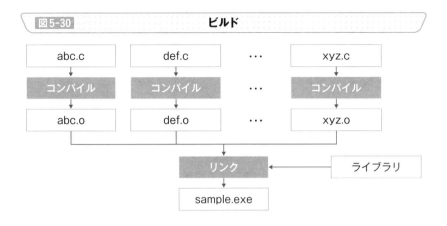

図5-30　ビルド

```
abc.c        def.c      ・・・      xyz.c
  ↓            ↓                    ↓
コンパイル   コンパイル   ・・・   コンパイル
  ↓            ↓                    ↓
abc.o        def.o      ・・・      xyz.o
```

リンク ← ライブラリ

sample.exe

図5-31　makeを使う効果

makeを使わない場合

```
$ gcc -c abc.c
$ gcc -c def.c
$ ・・・
$ gcc -c xyz.c
$ gcc -o sample.exe abc.o def.o xyz.o
```
最初はすべてのファイルでコンパイルを実行

↓ ソースコードを修正

```
$ gcc -c abc.c
$ gcc -c def.c
$ ・・・
$ gcc -c xyz.c
$ gcc -o sample.exe abc.o def.o xyz.o
```
修正したファイルを考えながらコンパイルを実行

↓ ソースコードを修正

```
$ gcc -c abc.c
$ gcc -c def.c
$ ・・・
$ gcc -c xyz.c
$ gcc -o sample.exe abc.o def.o xyz.o
```
修正したファイルを考えながらコンパイルを実行

makeを使う場合

事前にMakefileを作成

```
Makefile

main: abc.o def.o xyz.o
    gcc -o sample.exe abc.o def.o xyz.o
abc.o: abc.c
    gcc -c abc.c
def.o: def.c
    gcc -c def.c
xyz.o: xyz.c
    gcc -c xyz.c
```

```
$ make
```
最初から何も考えずに「make」を実行

↓ ソースコードを修正

```
$ make
```
何も考えずに「make」を実行

↓ ソースコードを修正

```
$ make
```
何も考えずに「make」を実行

Point

- 複数のファイルのコンパイルなどが必要な場合、makeやAntなどのツールを使うことで、複雑な手順を自動化できる
- makeは開発者が使うだけでなく、利用者がソフトウェアのインストールに使うこともある

» オブジェクト指向の基本的な考え方を知る

オブジェクト指向における設計図

オブジェクト指向の考え方は、「抽象化」とよく表現されます。オブジェクト指向は、個々のデータに存在する具体的な情報を取り除き、**データの共通点を抜き出してプログラムの設計を考えること**だといえるでしょう。

例えば、企業が取り扱う商品を分類すると、図5-32のような関係が考えられます。このように、個々の商品が持つ特徴から共通の部分を抜き出して抽象化していきます。

そしてできあがったものは汎用的に使えるものであり、この設計図として作られるのがクラスです。**2-3**で解説したように、オブジェクト指向では**データと操作をひとまとめ**にして考えます。

ここでは、「本」というクラスを考えてみましょう。本には、タイトルや著者名、ページ数や価格などのデータがあります。また、「増刷する」という操作によって「刷り数（2刷、3刷）」のデータが更新されていきます。

設計図から実体を生成する

クラスはあくまでも設計図なので、実際の商品を表すものではありません。そこで、それを個々の商品として扱うために実体化※1する必要があります。この実体化したものを**インスタンス**といいます（図5-33）。

ここでは、本（Book）というクラスを作成し、そこから『プログラミングのしくみ』と『セキュリティのしくみ』という本を実体化してみます。また、それぞれの刷り数を更新するような処理を実装してみます。

Pythonでは図5-34のようなソースコードが考えられます。この場合、クラスを定義するだけでなく、1つのクラスから複数のインスタンスを生成し、そのインスタンスに対して処理を行うプログラムを作成します。

あるクラスから実体化したものをまとめて**オブジェクト**といい、固有のものそれぞれをインスタンスという場合もあります。

※1 実体化：メモリ上に確保し、個別に扱えるようにすること。

図5-32	抽象化の考え方

図5-33	クラスとインスタンス

図5-34	1つのクラスから複数のインスタンスを生成

```
class Book:
    def __init__(self, title, price):
        self.title = title
        self.price = price
        self.print = 1

def reprint(self):
    self.print += 1
    return '%s : %i 刷' % (self.title, self.print)

security = Book('セキュリティのしくみ', 1680)
programming = Book('プログラミングのしくみ', 1780)
print(security.reprint())       ←「セキュリティのしくみ：2刷」と出力
print(security.reprint())       ←「セキュリティのしくみ：3刷」と出力
print(programming.reprint())    ←「プログラミングのしくみ：2刷」と出力
print(security.reprint())       ←「セキュリティのしくみ：4刷」と出力
print(programming.reprint())    ←「プログラミングのしくみ：3刷」と出力
```

Point

✐ クラスは設計図であり、インスタンスとして実体化する必要がある

✐ 1つのクラスから複数のインスタンスを生成することで、インスタンス
ごとに別々のデータを処理できる

» クラスの属性を引き継ぐ

既存のクラスを再利用する

　既存のクラスを拡張して新たなクラスを作ることもでき、これを継承（インヘリタンス）といいます。継承を使うと、**すでに実装されている処理を再利用することができ、開発効率が高まることが期待できます**。

　例えば、先ほどの例であれば、本でもCDでも商品にはタイトルや価格があります。また、消費税を計算する処理は共通でしょう。これらは「商品」というクラスを用意しておき、本やCDというクラスでは、この商品クラスを継承すると、これらをそのまま使用できます（図5-35）。

継承して作る新たなクラス

　あるクラスを継承して作られたクラスのことをサブクラスや派生クラス、子クラスといいます。逆に、もととなるクラスのことはスーパークラスや基底クラス、親クラスといいます。図5-35の場合、商品クラスがスーパークラスで、本クラスやCDクラスがサブクラスです。

　サブクラスはスーパークラスの特性も持つだけでなく、**独自の特性を付与できます**。また、スーパークラスの持つメソッドを上書き（オーバーライド）することで、まったく異なる振る舞いを実現することも可能です。

複数のクラスから継承する

　複数のスーパークラスから継承することを多重継承といいます。複数のスーパークラスの特性を持つことができて便利なように思いますが、両方とも同じ名前のメソッドを実装している場合、**どちらのメソッドを呼べばいいのか判断できません**。このような問題を菱形継承問題（ダイヤモンド問題）といいます（図5-36）。

　このため、プログラミング言語によっては多重継承ができないようになっているものもあります。

図5-35 継承

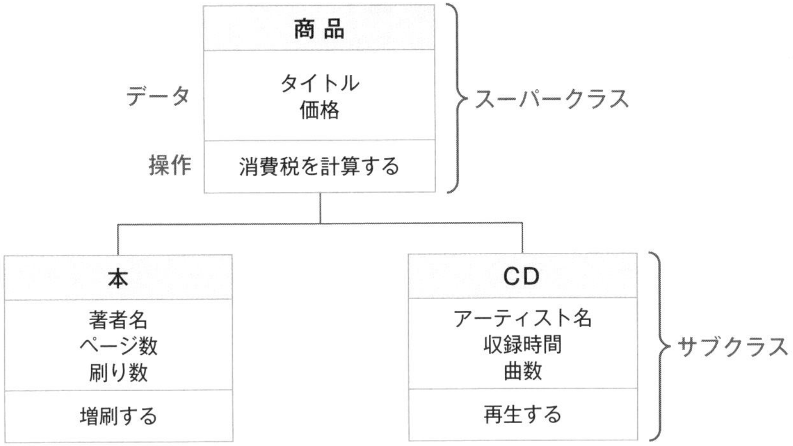

```
              商  品
       ┌─────────────┐
  データ │ タイトル     │  ┐
       │ 価格         │  ├ スーパークラス
  操作   │ 消費税を計算する │  ┘
       └─────────────┘
          ┌─────┴─────┐
      本               CD
  ┌─────────┐     ┌─────────────┐  ┐
  │ 著者名    │     │ アーティスト名 │
  │ ページ数  │     │ 収録時間      │  ├ サブクラス
  │ 刷り数    │     │ 曲数         │
  ├─────────┤     ├─────────────┤
  │ 増刷する  │     │ 再生する      │  ┘
  └─────────┘     └─────────────┘
```

図5-36 菱形継承問題

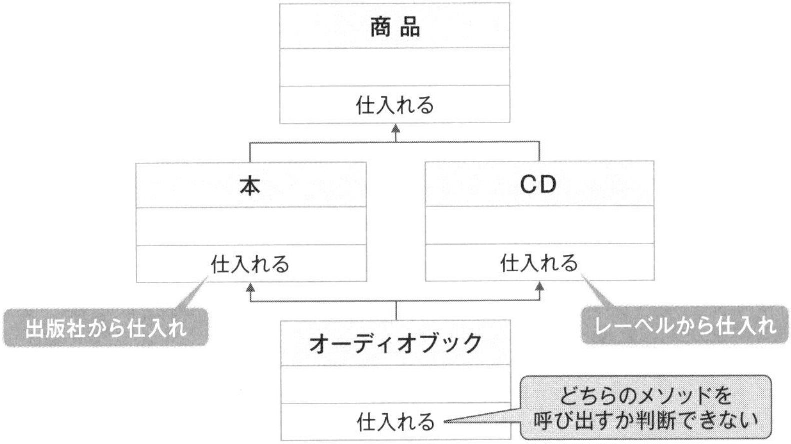

```
              商  品
          ┌──────────┐
          ├──────────┤
          │ 仕入れる   │
          └──────────┘
         ┌─────┴─────┐
      本               CD
  ┌──────────┐   ┌──────────┐
  ├──────────┤   ├──────────┤
  │ 仕入れる   │   │ 仕入れる   │
  └──────────┘   └──────────┘

 出版社から仕入れ              レーベルから仕入れ

          オーディオブック
          ┌──────────┐
          ├──────────┤         どちらのメソッドを
          │ 仕入れる   │ ←      呼び出すか判断できない
          └──────────┘
```

Point

- 継承してサブクラスを作成することで、継承元のスーパークラスが持つ特性も使用できる
- 菱形継承問題が発生することから、プログラミング言語によっては多重継承が認められていない

クラスを構成する
データと操作を扱う

オブジェクトが持つデータと操作

5-15で解説したように、クラスはデータと操作で構成されていました。データのことを**フィールド**やメンバ変数などと呼び、操作のことを**メソッド**やメンバ関数と呼びます。なお、呼び方は言語によって異なります。

このように、手続き型言語における変数がフィールドに、関数がメソッドに対応しています。手続き型言語では変数に任意の値を格納できますが、オブジェクト指向では**フィールドとメソッドをまとめたクラスを作成し、フィールドにアクセスするにはメソッドを経由する使い方**をします（図5-37）。

つまり、「フィールドに値を格納する」「格納されている値を読み出す」「格納されている値を更新する」といった操作にメソッドを使うことで、不適切な値がフィールドに格納されないようにしたり、格納されている値を加工して出力したりできます。

オブジェクトの**インスタンスごとに割り当てられるデータ**のことをインスタンス変数、**同じクラスに対するすべてのインスタンスで同じ値を共有するデータ**のことをクラス変数といいます（図5-38）。

同様に、オブジェクトのインスタンスに属するメソッドをインスタンスメソッド、クラスに属するメソッドをクラスメソッドと呼ぶこともあります。クラスメソッドはインスタンスを生成することなく使用でき、静的メソッドと呼ばれることもあります。

オブジェクトの属性を表す言葉

言語によってはフィールドの値を取得したり設定したりするための手段が用意されており、**プロパティ**と呼ぶこともあります。フィールドとプロパティという言葉を区別せずに使う言語もあります。

例えばC#のプロパティは、クラスの外部からはフィールドとして実装されるように見えますが、クラスの内側ではメソッドとして実装されます。

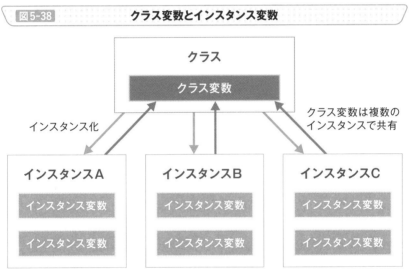

図5-37　　フィールドとメソッド

フィールドに直接アクセスできず、メソッドを経由する

図5-38　　クラス変数とインスタンス変数

クラス

クラス変数

インスタンス化

クラス変数は複数の
インスタンスで共有

インスタンスA

インスタンス変数

インスタンス変数

インスタンスB

インスタンス変数

インスタンス変数

インスタンスC

インスタンス変数

インスタンス変数

インスタンス変数はそれぞれのインスタンスに割り当てられる

Point

- 外部からフィールドに直接値を代入するのではなく、メソッドを使って
  フィールドに格納することで、不適切な値が格納されることを防げる
- フィールドに格納されている値を読み出す場合も、メソッドを使うこと
  で値を加工して出力できる

≫ 必要な情報や手続きのみを 外部に公開する

内部構造を隠蔽する

オブジェクトの内部構造を外部から見えないようにすることをカプセル化といいます。メソッドなどの必要最低限のインターフェイスのみを公開し、そのインターフェイスを通してアクセスさせる（用意されたメソッド以外は内部のフィールドにアクセスさせない）ことで、そのクラスを利用するプログラムが内部の実装について知る必要をなくします（図5-39）。

カプセル化により、**オブジェクト内のフィールドに対する不用意なアクセスを防ぐことができるだけでなく、内部のデータ構造を変更しても呼び出し元には影響を与えない**ように実装できます。

小規模なプログラムでは、それほど効果を感じられませんが、複数人が開発に参加するような大規模なプログラムでは、他人が作ったクラスがカプセル化されていることで、そのクラスを安心して使用できます。

アクセスできる範囲を指定する

カプセル化を実現するためには、外部からアクセスできるものと内部からしかアクセスできないものを明示的に指定する必要があります。そこで使われるのがアクセス修飾子で、多くのオブジェクト指向言語で用意されています。クラスやサブクラスに対して**アクセスできる範囲を指定する**ために使われ、多くの言語では次の3つが用意されています（図5-40）。

- private：現在のクラスの内部からのみアクセス可
- protected：クラスの内部か、継承したサブクラスからのみアクセス可
- public：すべてのクラスからアクセス可

なお、PythonやJavaScriptではこのような指定がなく、Pythonの場合は「_」（アンダーバー）で表現します。図5-41のように先頭にアンダーバーを2つ並べたフィールドやメソッドは上記のprivateの指定になります。

図5-39　カプセル化のイメージ

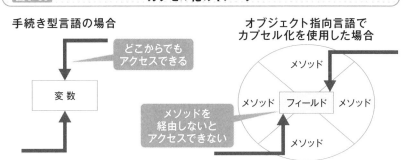

手続き型言語の場合

どこからでも
アクセスできる

変　数

オブジェクト指向言語で
カプセル化を使用した場合

メソッド

メソッド　フィールド　メソッド

メソッド

メソッドを
経由しないと
アクセスできない

図5-40　Javaでのアクセス修飾子とアクセス可否

アクセス修飾子	自クラス	同一パッケージ	サブクラス	他のパッケージ
public	可	可	可	可
protected	可	可	可	不可
指定なし	可	可	不可	不可
private	可	不可	不可	不可

図5-41　Pythonでのカプセル化

```
class User:
    def __init__(self, name, password):
        self.name = name
        self.__password = password

u = User('admin', 'password')
print(u.name)          ←アクセスできる（「admin」を出力）
print(u.__password)   ←アクセスできない（エラーになる）
```

Point

🖉 カプセル化により、内部のデータ構造を変更しても呼び出し元を変更する必要がなくなる

🖉 クラス内のフィールドに直接アクセスできないように、アクセスできる範囲をアクセス修飾子で指定する

第5章　必要な情報や手続きのみを外部に公開する

173

同じ名前のメソッドを作る

複数のクラスに同じ名前で操作を定義する

手続き型言語では、同じ名前の関数を複数作ってしまうと、どの関数を呼び出すのかがわからなくなってしまいます。しかし、オブジェクト指向言語では、複数のクラスに同じ名前で操作を定義できます。

同じ名前の操作を呼び出したときに、そのオブジェクトが生成されたクラスによって異なる操作を実行できることをポリモーフィズムといいます。日本語では多態性や多相性などと訳されます。

例えば、継承関係がある「本」と「CD」のそれぞれのクラスに、それを消費するのに必要な時間を計算する「所要時間を計算する」という操作を定義してみましょう。本の場合は1冊を読み終えるのにかかる時間、CDの場合は1枚を再生するのにかかる時間を求めるものとします。

このとき、各クラスに**同じ名前で異なる処理をする操作を実装できます**。それぞれのクラスからインスタンスを生成し、それぞれに対して「所要時間を計算する」処理を実行すると、結果は異なります（図5-42）。

操作を定義してクラスの変更に対応する

オブジェクト指向では、クラスが備えているべき操作をインターフェイスとして定義できます。インターフェイスでは、クラスが処理できる操作だけを定義し、その操作の実装はそれぞれのクラスに任せます。つまり、**インターフェイスは操作を定義するのみで具体的な処理は実装しません**。

インターフェイスを使わなくてもクラスに操作を定義できますが、複数のクラスを使う場合、それぞれのクラスでどのような操作ができるのか把握する必要があります。

同じインターフェイスを持つクラスは同じように扱えるため、**クラスを利用する側はインターフェイスに対して処理を実行します**。これにより、扱うクラスに変更があっても容易に対応でき、変更に強いソフトウェアを開発できます（図5-43）。

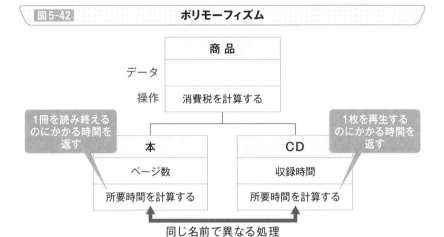

図5-42　ポリモーフィズム

商品

データ

操作　消費税を計算する

1冊を読み終える
のにかかる時間を
返す

1枚を再生する
のにかかる時間を
返す

本

ページ数

所要時間を計算する

CD

収録時間

所要時間を計算する

同じ名前で異なる処理

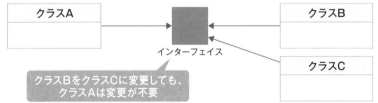

図5-43　インターフェイスを使う効果

通常のクラスを使う場合

クラスA

クラスB

クラスC

クラスBをクラスCに変更すると、
クラスAにも変更が発生

インターフェイスを使う場合

クラスA

インターフェイス

クラスB

クラスC

クラスBをクラスCに変更しても、
クラスAは変更が不要

Point

∅ ポリモーフィズムにより、異なるクラスにある別々のメソッドを同じ名
　前で実行できる

∅ インターフェイスを使うことは変更に強いソフトウェアの開発に役立つ

» オブジェクト指向開発に用いられるモデリング手法

設計における表現方法を統一する

　システム開発では、分析や設計を行う中で仕様書などの文書を多く作成します。このとき、文章だけで書くこともできますが、発注者と開発者、または開発者同士がスムーズにコミュニケーションを取るために、わかりやすい表現が求められます。

　以前からフローチャートやER図、DFDなどの図はありましたが、オブジェクト指向の考え方で作成されていないことや、統一された書式でないことからオブジェクト指向の意図を正しく伝えることができていませんでした。

　そこで登場したのがUML（Unified Modeling Language）で、日本語では統一モデリング言語と呼ばれます（図5-44）。名前の通り、**人や言語によって違いが発生することを防ぎ、表現を統一する**ために使われます。「言語」という名前ですが、その多くは図を描くことが前提となっており、その見方を覚えておけば誰でも簡単にシステム開発の共通の認識を持つことができます。

設計ノウハウを集めた「デザインパターン」

　オブジェクト指向でプログラミングを行う場合、用意されたクラスやライブラリ（**6-2**参照）を使うと効率よく開発できます。このとき、再利用しやすい設計になっていないと、使い勝手が悪く、ソースコードの理解に時間がかかってしまいます。

　そこで、開発者がよく出会う問題とそれに対するよい設計を整理したものにデザインパターンがあります。デザインパターンには先人が工夫した知恵が詰まっているため、**参考にすることで再利用しやすい設計を効率よく実現できます**。有名なものに「GoFのデザインパターン」があります（図5-45）。

　デザインパターンを知っている技術者同士では、パターン名を伝えるだけでその設計の概要が理解できるため、コミュニケーションのコストも小さくなります。これにより、スムーズに設計や開発を進められるのです。

図5-44	UMLの例

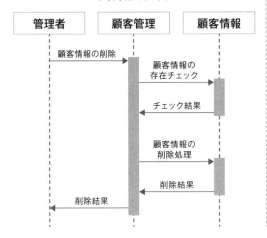

シーケンス図
（時間軸で表す）

ユースケース図
（ユーザー視点で表す）

図5-45	GoFのデザインパターン

構造に関するもの	生成に関するもの	振る舞いに関するもの
・Adapter	・Abstract Factory	・Chain of Responsibility
・Bridge	・Builder	・Command
・Composite	・Factory Method	・Interpreter
・Decorator	・Prototype	・Iterator
・Facade	・Singleton	・Mediator
・Flyweight		・Momento
・Proxy		・Observer
		・State
		・Strategy
		・Template Method
		・Visitor

Point

📝 UMLを使うことで、図を使って共通の認識を持つことができる

📝 有名なデザインパターンを知っておくと、「よい設計」を実現できるだけでなく、コミュニケーションがスムーズになる

複数のオブジェクトの 関係性を考える

インスタンス間のつながりを表現する

複数のクラス間の関係を示すとき、その関係性によって表現を変えます。

クラスから作成されたインスタンス間のつながりを示すものを関連といいます。関連はクラスとクラスの間で双方向に参照する場合に使われ、クラス間を線で結ぶことで表現します。線の両端は、ER図のように多重度を表し、1つのインスタンスに対して、**相手のクラスがいくつつながる可能性があるか**を示すことができます（図5-46）。

「本は商品である」という継承関係

クラスの継承の考え方としてわかりやすいものが汎化です。汎化はさまざまなクラスやオブジェクトに共通する性質を親クラスにまとめて定義することを指します。汎化は白抜きの矢印で表現します（図5-47）。

例えば、**5-16**の継承の例で挙げた本とCDの場合、共通となる性質であるタイトルや価格を親クラスに定義しました（図5-35）。このように、継承は汎化を実現する手段の1つだといえます。この関係はよく**is-aの関係**（A is a B）といわれます。

「書店は書籍を持つ」という包含関係

全体と部分の関係を表現する方法に集約があります。集約は**has-aの関係**（A has a B）ともいわれ、例えば、「書店が本を持っている」というような関係を表します。この場合、部分を含んでいるもの（書店）がなくなっても含まれているもの（本）はそのまま存在し、機能します。

集約の中でもより強い結びつきがある場合をコンポジションということもあります。コンポジションはあるクラスの一部であるような場合で、全体がなくなった場合は、部分も機能しなくなる関係にあります。

集約は、全体に菱形を描くことでその関係を表現します（図5-48）。

図5-46 関連

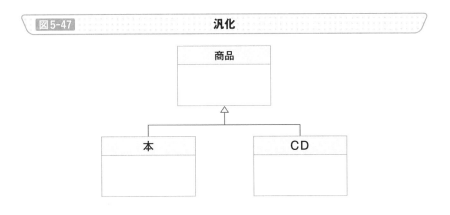

図5-47 汎化

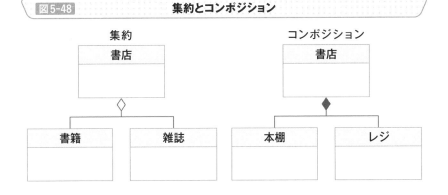

図5-48 集約とコンポジション

Point

- 関連を示すことでモデル化する対象が視覚化され、多重度によりクラス間の制限を把握できる
- 汎化は共通の性質を見つけ出してクラスを作成するのに対し、集約は全体と部分の関係を見つけ出してクラス間の関係を表現する

関連するクラスをまとめる

名前の衝突を避ける

文書ファイルなどでも、扱うファイルが増えてくるとフォルダに分けて管理します。同様に、多くのクラスやソースコードを扱っていると、関連するものだけをまとめて管理したいと考えるようになります。

ソースコードの関連するものを分類する単位として多くの言語が用意している機能に名前空間があります。名前空間を使うと、**別の名前空間にあるクラス名とは衝突しないように設計できる**ため、冗長な名前をつける必要がなくなります（図5-49）。このとき、フォルダとは異なり、自由な構成で保存できます。

単体として動かせるプログラムの単位

名前空間と似た考え方にモジュールがあります。言語によっては名前空間がなく、モジュールの機能だけがある場合もあります。また、他のプログラムから再利用できるようにしたものをモジュールと呼ぶこともあります。

一般的には、単独でも動かせるものをモジュールと呼びますが、他のプログラムから呼び出せるように整理したものを指すこともあり、その現場でどのような意味で使われているのかには注意が必要です。

便利に使えるようまとめて管理する

複数のモジュールをまとめて扱えるようにしたものをパッケージといいます。パッケージを読み込むことで、そのパッケージに含まれるモジュールをすべて使えるようになることが多く、**さまざまな機能を備えた便利なものの集まり**だと考えるとよいでしょう（図5-50）。

さらに、パッケージをまとめたものをライブラリと呼ぶこともあります（6-2参照）。例えば、Pythonの場合は標準ライブラリと外部ライブラリがあり、外部ライブラリを使用するには別途インストールが必要です。

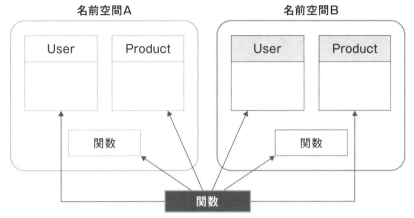

名前空間が違えば、同じクラス名、関数名でも使用できる

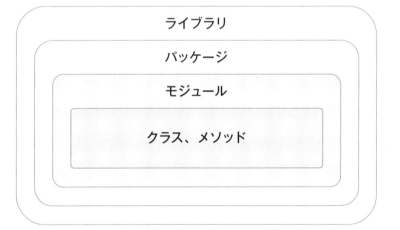

Point

🖋 名前空間を使うことで、名前の衝突を防げる
🖋 モジュールやパッケージによって複数のソースコードをまとめて管理で
きる

» オブジェクト指向で 扱いにくい問題を解決する

本来の処理に集中する

オブジェクト指向プログラミングではデータと操作を一体としたオブジェクトを組み合わせて実装しますが、実際には単一のオブジェクトとして定義すると管理が面倒な機能も存在します。

よく挙げられる例としてログの出力があります。メソッドのログを確認したい場合、各メソッドに個別に実装する必要がありますが、ログの取得は本来のメソッドで実現したいことではありません。このような記述が増えると本来の処理におけるソースコードの可読性が低下してしまいます。

本来の処理以外で共通で必要になるものを横断的関心事と呼び、これを分離する方法を AOP（アスペクト指向プログラミング）といいます。AOPを使うと、**ソースコードを変更せずに、実現したい処理を追加できます**（図5-51）。

テストしやすく柔軟に対応できる設計

あるクラス内で使用している変数が他のクラスに依存していると、テストを実行する場合に依存先のクラスを用意しなければなりません。また、使うクラスを他のクラスに変更する際に、そのクラスに関連するクラスも修正しなければなりません。

プログラムの実行時に**依存先のクラスを外部から渡すように変更する**と、クラス間の依存関係をなくすことができ、ダミーのクラスなどを使って簡単にテストができます。使用するクラスを変更した場合も、他のクラスの変更は必要なく、プログラムの修正が最低限で済みます。

このように外部からクラスを渡すことを DI（Dependency Injection）といい、日本語では依存性の注入と呼びます（図5-52）。注入の際は、コンストラクタの引数として渡す方法や、任意のメソッドの引数として渡す方法などがあります。また、アプリにDI機能を提供するフレームワーク（**6-2**参照）のことをDIコンテナといいます。

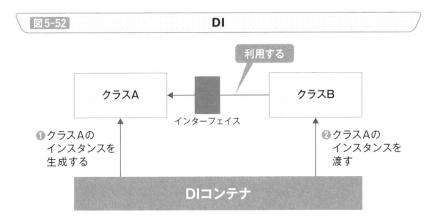

図5-51　AOP（アスペクト指向プログラミング）

クラスA

| ログ出力 |
| 処理 |
| ログ出力 |

| ログ出力 |
| 処理 |
| ログ出力 |

| ログ出力 |
| 処理 |
| ログ出力 |

| ログ出力 |
| 処理 |
| ログ出力 |

| ログ出力 |
| 処理 |
| ログ出力 |

| ログ出力 |
| 処理 |
| ログ出力 |

クラスB

クラスA

処理

処理

処理

ログ出力

処理

処理

処理

クラスB

図5-52　DI

クラスA　←　インターフェイス　←　利用する　クラスB

❶クラスAの
インスタンスを
生成する

❷クラスAの
インスタンスを
渡す

DIコンテナ

Point

🖊 アスペクト指向により本来の処理と異なる部分のソースコードを分離することで、実現したい処理の実装に集中できる

🖊 扱うクラスのインスタンスをDIの考え方を用いて利用側に渡すことで、仕様変更などにおける修正の負担を減らすことができる

顧客と開発者が
共通の言葉を使う

開発に関わるすべての人が知識を共有する

　ソフトウェアを開発する目的は、「何らかの課題を解決するため」だといえます。このとき、ソフトウェアで実現する業務の領域をドメインと呼び、これをどのようにソフトウェアで実装するかを設計します。

　ただし、多くのソフトウェアの開発現場では、開発者も顧客も専門的な用語を用いて説明したり、実装しやすいように一部を変換したりして進めることが一般的です。この場合、顧客はシステムの内容を理解できず、開発者も顧客の業務を正確に把握できない状況が発生します。

　顧客と開発者が共通の言葉でソフトウェアのシステムを設計できれば、互いに理解が深まるだけでなく、**機能の実現が容易になり、開発速度の向上も実現できます。**

　このとき、双方が理解できる共通言語でモデル化します。このモデルをドメインモデルといいます。それをそのままコードとして実装するような設計手法を DDD（Domain-Driven Design）と呼び、日本語ではドメイン駆動設計といいます。

　例えば、これまでは商品名であれば文字列型、金額であれば整数型、といったプログラミング言語の標準的な型を使用していました。しかし、これでは不適切な値を格納できるため、商品名クラスや金額クラスという値オブジェクトを作成し、商品名や金額をカプセル化すると影響を最小化でき、言葉とコードが一致します（図5-53）。

　開発を進めるとき、設計者がシステム全体を設計してから作成された仕様書をもとに、業務知識のないプログラマが開発するスタイルでは、伝言ゲームのようになり、ビジネス面での問題を速やかに解決することはできません。

　このため、DDDではドメインモデルを中心として、**ドメインモデルとコードを一体化させながら反復的に進化させていきます**（図5-54）。これを実現するために変化に対応できる体制が求められ、オブジェクト指向で設計することに加え、アジャイルソフトウェア開発の体制で進められることが一般的です。

図5-53 値オブジェクトでモデル化する

これまでのモデル化 / DDDのモデル化

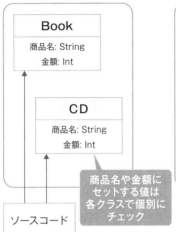

図5-54 業務知識などのドメインを抽出する

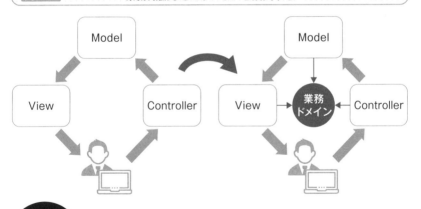

Point

- ドメイン駆動設計では、業務で登場する言葉（やりたいこと、実現したいこと、知りたいこと）をクラス名やメソッド名として使うことで顧客と開発者が共通の言葉でやりとりできるようになる
- オブジェクト指向の考え方だけでなく、アジャイルな開発体制が必要である

» オブジェクトの初期化と解放

生成時に必ず呼び出される 「コンストラクタ」

オブジェクト指向プログラミングでクラスからインスタンスを生成するときに、必ず実行したい処理があったとします。このような場合に使われるのがコンストラクタで、インスタンスが生成されるタイミングで必ず一度だけ実行されます（図5-55）。

コンストラクタで行う処理として、「そのインスタンスの中で使われるデータのために領域を確保する」「必要な変数を初期化する」といった内容が考えられます。

コンストラクタは**インスタンスが生成されるときに自動的に呼び出される**ので、プログラマが明示的に呼び出す必要はありません。

また、返り値が指定されていないという特徴もあります。コンストラクタは値を返さない関数のため、処理結果を返すことはできません。もしコンストラクタ内での処理中にどうしても避けられない問題が発生する場合には、例外を発生させるなどの方法が使われます。

破棄されるときに必ず呼び出される 「デストラクタ」

コンストラクタが生成時に呼び出されるのとは逆に、インスタンスが破棄されるときに必ず実行したい処理を書くために使われるものにデストラクタがあります。インスタンスが破棄されるタイミングで必ず一度だけ実行されます。

デストラクタで行う処理として、そのインスタンスの中で動的に確保したメモリ領域を解放するといった内容が考えられます。

デストラクタも**インスタンスが破棄されるときに自動的に呼び出される**ため、プログラマが明示的に呼び出す必要はありません。

値を返さない点でもコンストラクタと同様のため、何らかのエラーが発生するような処理を記述するべきではありません。

図5-55　　　　　　　コンストラクタとデストラクタ

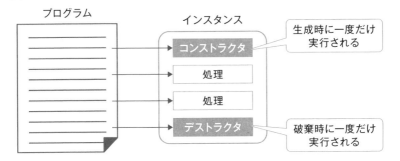

図5-56　　コンストラクタとデストラクタの実装例（Python）

```
> | product.py

class Product:
    def __init__(self, name, price): # コンストラクタ
        self.__name = name
        self.__price = price
        print('constructor')

    def __del__(self):               # デストラクタ
        print('destructor')

    def get_price(self, count):
        return self.__price * count

# 生成時に自動的にコンストラクタが呼び出される
product = Product('book', 100)
print(product.get_price(3))
# 破棄時に自動的にデストラクタが呼び出される
```

Point

✐ コンストラクタとデストラクタはインスタンスの生成時と破棄時にそれ
ぞれ自動的に呼び出されるため、プログラマが明示的に呼び出す必要は
ない

✐ インスタンス内で使用するメモリ領域をコンストラクタで確保し、デス
トラクタで解放する方法が多く使われる

開発の進捗を管理する

大きなプロジェクトを小さなタスクに分割する

システム開発の現場では、プロジェクトの進行状況を管理しなければなりません。このとき、大きなプロジェクトでは全体を一括して把握するのは困難なため、小さな単位に分割して管理します。

この分解された単位をタスクといい、タスクごとに進捗を管理する方法として WBS（Work Breakdown Structure）がよく使われます。WBSでは、各工程を**大、中、小のように分割して木構造に並べたもの**を指します。それぞれのタスクの開始時期、担当者などを割り振ったうえで時系列に並べたガントチャート（工程表）も含めてWBSと呼ばれることがあります（図5-57）。

コストで進捗を管理する

WBSが時間で管理するのに対し、コストで判断する方法としてEVM（Earned Value Management）も使われています。例えば、人月単価100万円（5万円/人日）のエンジニアが、あるタスクを4日間かけて完了したとします。

4日間、1つのタスクだけに専念していれば、5×4 = 20万円になります。しかし、他の仕事も同時に進めており、今回のタスクは1日の半分だけで毎日作業していたとすると、このときの費用は5×4÷2 = 10万円です。

このように、スケジュール通りに完了したかを単純に計算するだけでなく、その開発に要したコストを意識して管理します。

EVMでは、**EV、PV、AC、BACという4つの指標で管理し、それぞれをグラフ化して表現します**。このグラフを見ると、作業の遅れやコストの超過などを判断できます。図5-58のような場合は、途中まで作業は予定通りに進んでいたものの、途中からコストはかかっているのに進捗が遅れ始めていることがわかります。さらに、EVがPVを下回っている場合、同じ金額に到達するまでの期間のズレを調べることで、完成するまでのスケジュールを予測することにも使えます。

図5-57　WBSとガントチャートの例

大項目	中項目	小項目	担当者	開始日	終了日	工数	1	2	3	4	5	6	7	8	9	10	11	12	13	14	…
要件定義	○×システム	要件定義書作成	A	4月1日	4月5日	5人日															
		要件定義書レビュー	B	4月8日	4月10日	3人日															
	□△システム	要件定義書作成	C	4月1日	4月3日	3人日															
		要件定義書レビュー	B	4月4日	4月5日	2人日															
設計	○×システム	基本設計	D	4月11日	4月17日	5人日															
		基本設計レビュー	E	4月18日	4月19日	2人日															
		詳細設計	F	4月22日	4月30日	7人日															
		詳細設計レビュー	E	5月1日	5月2日	2人日															
	□△システム	…	…	…	…	…															
実装	○×システム	XXX画面作成	G	5月6日	5月10日	5人日															
		YYY画面作成	G	5月13日	5月17日	5人日															
		ZZZ画面作成	G	5月20日	5月24日	5人日															
		…	…	…	…	…															

WBS　　　　　　　　　　ガントチャート

図5-58　EVMの例

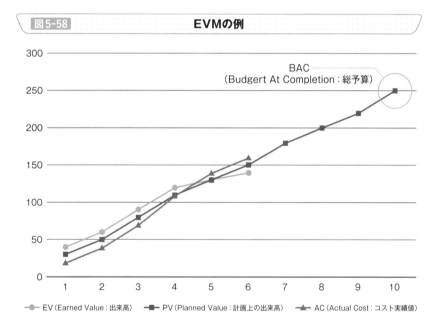

BAC
(Budgert At Completion：総予算)

- ● EV (Earned Value：出来高)
- ■ PV (Planned Value：計画上の出来高)
- ▲ AC (Actual Cost：コスト実績値)

Point

〃WBSを作ることでやるべきタスクが明確になり、スケジュールの管理や役割分担が可能になる

〃EVMを使うことでプロジェクトの進捗状況を客観的に把握でき、作業計画の精度を向上できる

やってみよう

テストコードを書いてみよう

第4章の「やってみよう」では、1つのISBNにだけチェックデジットを計算し、確認しました。しかし、他のISBNに対して同じように正しい結果が計算できるとは限りません。

そこで、第4章の「やってみよう」で作成したcheck_digitのプログラムを単体テストするプログラムを作成してみます。Pythonには単体テスト機能としてunittestというモジュールが標準で用意されています。この機能を使って、テストコードを記述し、自動テストを実行してみましょう。

unittestモジュールを使うには、先頭でunittestをインポートします。次に、unittest.TestCaseクラスを継承したクラスを作成し、その中にテストケースを記述します。ここでは、TestCheckDigitというクラスを作成します。最後に、unittest.main()というメソッドを呼び出します。

> | **test_check_digit.py**

```python
import unittest
from check_digit import check_digit

class TestCheckDigit(unittest.TestCase):
    def test_check_digit(self):
        self.assertEqual(7, check_digit('9784798157207'))
        self.assertEqual(6, check_digit('9784798160016'))
        self.assertEqual(0, check_digit('9784798141770'))
        self.assertEqual(6, check_digit('9784798142456'))
        self.assertEqual(2, check_digit('9784798153612'))
        self.assertEqual(4, check_digit('9784798148564'))
        self.assertEqual(9, check_digit('9784798163239'))

if __name__ == "__main__":
    unittest.main()
```

このプログラムを実行するとテスト結果が表示されますが、結果と一致しないものがあれば、テストは失敗します。check_digitのプログラムを変えて、テスト結果がどう変わるのか確認してみてください。

Web技術とセキュリティ

～webアプリを支える技術を理解する～

» Webの基本を知る

表示内容をタグで囲って記述するHTML

Webページを記述するための言語として HTML（HyperText Markup Language）があります。「ある Web ページから別の Web ページにリンクする」「Web ページ内に画像や動画、音声などを埋め込む」など、Web ブラウザが Web ページを表示するための指定をテキスト形式で表せることがポイントです。

HTMLでは、見出しや段落、表、リストなどの要素で Web ページを構成します。要素を指定するには、タグを使います。開始タグと終了タグで挟んで要素を記述するだけでなく、**開始タグの中でその要素に属性と値を設定する**こともできます。

例えば、図6-1❶のように作成された HTML ファイルを Web ブラウザで開くと、図6-1❷のように表示されます。この HTML ファイルは図6-2のような階層構造で文書の構造を記述しています。

Webブラウザを使ってリンクをクリックしたり、URLを入力したりするたびに、Webブラウザの裏側では HTML ファイルを Web サーバーから取得し、Webブラウザに表示することを繰り返しているのです。

Webサイトの閲覧に使われるプロトコル

Webブラウザと Web サーバーとの間でファイルの内容をやりとりするプロトコルに HTTP（HyperText Transfer Protocol）があります。HTMLファイルだけでなく、画像ファイルや動画ファイル、JavaScriptのプログラム、デザインを担う CSS ファイルなどを転送する方法を定めています。

Webブラウザから送信されるHTTPリクエストと、それに対する **Webサーバーからの HTTP レスポンス**のやりとりによって、ファイルが転送されます。HTTPリクエストとしてファイルを取得する方法や取得するファイルに関する情報を渡すと、HTTPレスポンスでは処理結果を表すステータスコードと、応答する内容を返します（図6-3）。

図6-1　HTMLファイルの例

❶HTMLファイル

```html
<!DOCTYPE html>
<html lang="ja">
<head>
    <meta charset="utf-8">
    <title>HTML ファイルの例 </title>
</head>
<body>
    <h1> サンプルページ </h1>
    <div>
        <h2>Lorem ipsum</h2>
        <div>
            Lorem ipsum dolor sit amet,
            consectetur adipiscing elit,
            sed do eiusmod tempor incididunt
            ut labore et dolore magna aliqua.
        </div>
    </div>
    <div>
        <h3> リンク </h3>
        <a href="https://www.shoeisha.co.jp"> 株式会社翔泳社 </a>
    </div>
</body>
</html>
```

❷Webブラウザ上での表示

図6-2　HTMLの階層構造

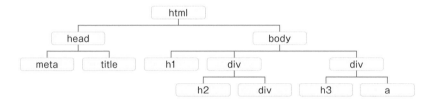

図6-3　代表的なステータスコード

ステータスコード	内容
100番台	情報（処理中）
200番台	成功（受理された）
300番台	リダイレクトした
400番台	クライアント側のエラー
500番台	サーバー側のエラー

ステータスコード	内容
200（OK）	問題なく処理された
301（Moved Permanently）	要求されたファイルが恒久的に別の場所に移動した
401（Unauthorized）	認証が必要だった
403（Forbidden）	要求が拒否された
404（Not Found）	ファイルが見つからなかった
500（Internal Server Error）	不具合などによりサーバー側のプログラムが動かなかった
503（Service Unavailable）	Webサーバーが過負荷で、処理できなかった

Point

🖉 HTMLで作成したWebページをWebブラウザで開くと、整形されて表示される

🖉 WebブラウザとWebサーバーとのやりとりにHTTPが使われる

» ソフトウェア開発に 必要な機能の集合体

便利な機能の集まり「ライブラリ」

多くのプログラムで共通して使われる便利な機能をまとめたものにライブラリがあります（図6-4）。例えば、メールの送信やログの記録、数学的な関数や画像処理、ファイルの読み込みや保存などが挙げられます。

ライブラリを使うと、**一から実装することなく欲しい機能を簡単に実現できます**。ライブラリを用意すれば、複数のプログラムで共有でき、メモリやハードディスクなどの有効利用につながるのです。

ライブラリをプログラムの実行時にリンクする方法としてDLL（Dynamic Link Library）があります。DLLを使うことで、ライブラリを更新するだけで、その機能を更新できます。

開発に必要な資料をまとめて提供

ライブラリやインターフェイスだけでなく、**サンプルコードやドキュメントなどをパッケージにしたもの**にSDK（Software Development Kit）があります。SDKは、プログラミング言語やOSなどの開発元や販売元によって、そのシステムを使ったソフトウェアを開発する開発者に配布されます。

配布されたSDKを開発者が使用することで、優れたソフトウェアが開発されたときにそのシステムが普及し、利用者が増えることが期待できます。

ソフトウェアの土台

多くのソフトウェアで使われるような**一般的な機能を土台として用意したもの**をフレームワークといいます。開発者はその土台の上で個別の機能を実装することで、開発効率の向上が期待できます。

ライブラリは開発者が指示しない限り何もしませんが、フレームワークを使うと処理を実装しなくてもある程度の機能を実現できます（図6-5）。もちろんライブラリを呼び出すことで独自の機能を追加できます。

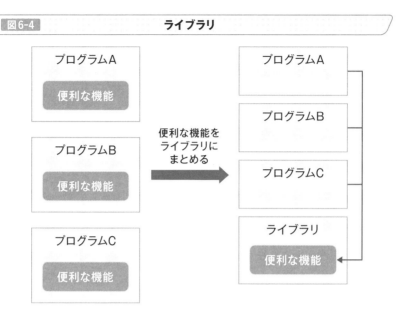

図6-4　ライブラリ

プログラムA
便利な機能

プログラムB
便利な機能

プログラムC
便利な機能

便利な機能を
ライブラリに
まとめる

プログラムA

プログラムB

プログラムC

ライブラリ
便利な機能

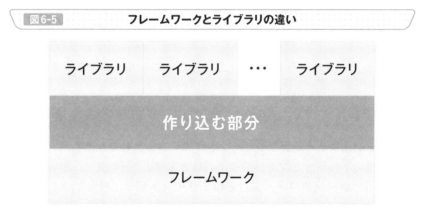

図6-5　フレームワークとライブラリの違い

ライブラリ　　ライブラリ　　…　　ライブラリ

作り込む部分

フレームワーク

Point

⬛ ライブラリを使うことで、便利な機能を簡単に使えるだけでなく、メモリやハードディスクなどを有効利用できる

⬛ フレームワークを使うことで、多くのソフトウェアで使われているしくみを利用できる

» Webサイトのデザインを変更する

HTMLの要素に対してデザインを指定する

　HTMLでは文書の構造を記述しますが、デザインに関する情報は含まれません。HTML文書に対してデザインを指定する方法としてCSS（Cascading Style Sheets）があります。Webページのスタイルを決めるため、スタイルシートと呼ばれることもあります。

　背景色や文字の色、要素の配置などをCSSで設定することで、同じHTMLファイルであっても見た目を大きく変更できます。CSSの内容をHTMLファイルの中に記述することもできますが、構造とデザイン（見栄え）を分離するために、別ファイルで用意する方法を使用することが多いです。別ファイルとして作成することで、**複数のHTMLファイルのデザインを一括して設定できます**（図6-6）。

　CSSはセレクタ、プロパティ、値によって記述します。例えば、「h1 {font-size: 20px;}」と書けば、h1がセレクタ、font-sizeがプロパティ、20pxが値で、h1というタグに対して文字サイズを20pxに設定します。

見栄えのするデザインを手軽に実現する

　CSSを記述すると綺麗なデザインを作成することもできますが、初心者が統一感のあるデザインを作成するのは大変です。そこで、1から作成しなくても、**ボタンやフォームなどのデザインが簡単に利用できる**ものにCSSフレームワークがあります。代表的なCSSフレームワークとして図6-7のようなものがあります。

　最近では、1つのソースコードでPCでもスマホでも綺麗に表示できるレスポンシブデザインに対応できるものが増えています。

　CSSフレームワークを使うと、スピーディにWebページをデザインできて便利なだけでなく、保守性も高まります。一方で、同じCSSフレームワークを使用しているWebページは似たようなデザインになることが多く、オリジナリティを出すことは難しくなります。

図6-6 **HTMLファイルとCSSなどを組み合わせてWebページができる**

woman.html

```
<!DOCTYPE html>
<html>
    <head>
        <meta charset="utf-8">
        <title>女性の画像を表示</title>
        <link rel="stylesheet" href="woman.css">
    </head>
    <body>
        <h1> パソコンに入力する女性 </h1>
        <img src="woman.png" alt="女性">
    </body>
</html>
```

woman.css

```
body {
    margin: 0px 10px;
}
h1 {
    border-left: 1em solid #ff00ff;
    border-bottom: 1px solid #ff00ff;
}
```

woman.png

図6-7 **よく使われるCSSフレームワーク**

名前	特徴
Bootstrap	機能が豊富でCSSフレームワークの標準的な存在
Semantic UI	多くのテーマが用意されており、オリジナリティを出せる
Bulma	シンプルで学びやすく、人気が急上昇している
Materiarize	Googleの提唱するマテリアルデザインに沿っている
Foundation	日本語の資料は少ないが、Bootstrapと同様に機能が豊富
Pure	Yahoo!が開発した超軽量のフレームワーク
Tailwind CSS	HTMLの要素にクラスを付加するだけでデザインをカスタマイズできる
Skeleton	必要最低限のスタイルだけが用意されたフレームワーク

Point

∥HTMLとCSSを分離することで、構造とデザインを別々に管理できる
∥CSSフレームワークを使うことで、見栄えのよいデザインを簡単に実現
　できる

» 同じ利用者を識別する

同じ端末からのアクセスを識別する技術

HTTPを使ってWebサーバーにアクセスするとき、ページの遷移や画像の読み込みのような通信を繰り返しますが、それぞれの通信は別々のものとして扱われます。これにより、個別の端末の状態をサーバー側が管理する必要がなく、サーバーの負荷を抑えることができます。

一方で、**サーバー側では同じ端末からのアクセスであることを識別できないため**、ショッピングサイトなどを作成するときには、何らかの管理方法が必要です。

そこで、Cookie というしくみが使われます（図6-8）。Webサーバーは、要求されたコンテンツを返すだけでなく、生成したCookieを合わせて送付し、WebブラウザはそのCookieを保存します。その後、WebサーバーにアクセスするたびにWebブラウザからCookieを送信します。Webサーバー側では、送信されてきた**Cookieの内容を確認したり、Cookieの内容を保存しておいた情報と比較したりする**ことで、同じ端末からのアクセスであることを認識できます。

同じ利用者からのアクセスを管理する

Cookieではさまざまな情報を送信できますが、個人情報などを毎回送信するのはセキュリティ面で問題がありますし、通信量も多くなってしまいます。そこで、一般的にはIDだけを送信します。このIDをサーバー側で管理することで、個々の通信を識別します。このように同じ利用者を識別するためのしくみをセッション、使われるIDをセッションIDといいます。

Cookieを使う方法以外でセッションを実現する方法には、図6-9のようにURLにIDをつけてアクセスする方法、フォームの隠しフィールドを使う方法などがあります。

規則性のあるセッションIDを使ってしまうと、**簡単に他の人になりすましが可能**なため、ランダムな値の使用や、暗号化などの工夫が必要です。

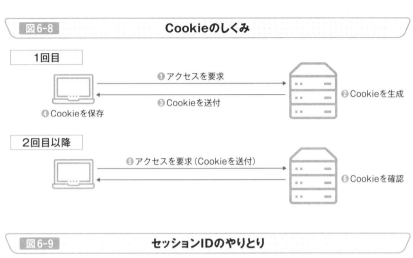

図6-8　Cookieのしくみ

1回目

❶アクセスを要求
❸Cookieを送付
❷Cookieを生成
❹Cookieを保存

2回目以降

❺アクセスを要求（Cookieを送付）
❻Cookieを確認

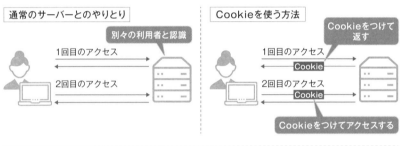

図6-9　セッションIDのやりとり

通常のサーバーとのやりとり
別々の利用者と認識
1回目のアクセス
2回目のアクセス

Cookieを使う方法
Cookieをつけて返す
1回目のアクセス
Cookie
2回目のアクセス
Cookie
Cookieをつけてアクセスする

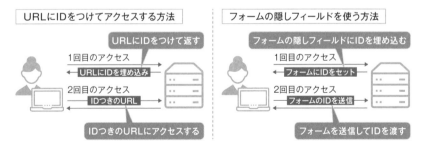

URLにIDをつけてアクセスする方法
URLにIDをつけて返す
1回目のアクセス
URLにIDを埋め込み
2回目のアクセス
IDつきのURL
IDつきのURLにアクセスする

フォームの隠しフィールドを使う方法
フォームの隠しフィールドにIDを埋め込む
1回目のアクセス
フォームにIDをセット
2回目のアクセス
フォームのIDを送信
フォームを送信してIDを渡す

Point

🖉 HTTPでやりとりしているWebブラウザが同じ利用者であることをWebサーバー側で確認するためにCookieが使われる

🖉 同じ利用者を識別するには、Cookie以外にもさまざまな方法があるが、なりすましを防ぐために工夫が必要である

» インターネット上で サービスを提供する

利用者に応じて表示する内容を変化させる

　企業のWebサイトのように、閲覧する利用者やアクセスするタイミングによらず、**常に同じ内容を表示するもの**を静的なWebサイトといいます。一方、利用者が投稿できたり、**ログインする利用者ごとに表示内容が変わったりするもの**を動的なWebサイトといいます（図6-10）。

　検索エンジンやSNS、ショッピングサイトなどはいずれも動的なWebサイトです。動的にWebページを生成するには、Webサーバー上でプログラムを実行する必要があります。このように、Webサーバー上で動作し、**HTMLなどの結果を返すようなプログラム**をWebアプリといいます。

　動的なWebサイトはアクセスしてきた人に合わせて表示内容を変えるため、静的なサイトと比べるとWebサーバーに負荷がかかります。また、脆弱性があると情報漏えいやウイルス感染、なりすましなどのリスクが発生するため、公開する場合にはセキュリティ面での注意が必要です。

Webアプリとのインターフェイス

　Webアプリの開発には、PHPやRuby、Python、Javaなどのプログラミング言語が多く使われています。これらのWebアプリを動作させる方法として、昔から使われている手法にCGI（Common Gateway Interface）があります。

　CGIはWebサーバーからプログラムを実行するためのインターフェイスで、**静的なWebサイトから動的なWebアプリを呼び出す**ことができます。ただし、毎回プロセスを起動するため、少し時間がかかってしまいます。

　そこで、最近では図6-11のようにWebサーバー内のプロセスでWebアプリを実行する方法が用いられることが増えています。これにより、比較的高速な実行が可能で、サーバーにかかる負荷も低くなります。

図6-10 Webアプリの特徴

静的なWebサイト

誰が閲覧しても
同じコンテンツ

受動的

動的なWebサイト、Webアプリ

プログラム
(Webアプリ)

データベース

人によって表示される
内容が違う

能動的

図6-11 CGIとサーバー内のプロセスとの違い

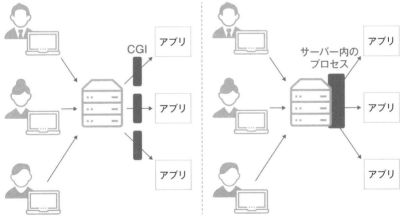

CGI

アプリ

アプリ

アプリ

サーバー内の
プロセス

アプリ

アプリ

アプリ

Point

- 静的なWebサイトでは誰が閲覧しても同じ内容が表示されるのに対し、動的なWebサイトでは利用者の入力内容などに応じて表示内容が変わる
- Webアプリを実行するとき、これまではCGIが多く使われていたが、最近ではWebサーバー内のプロセスで実行する方法も増えている

≫ GUIアプリの機能を分割する

ソースコードを役割に応じて分割する

Webアプリやデスクトップアプリなど、GUIを扱うアプリを開発する場合は、デザインの変更が発生することが多いです。小規模なプログラムであれば、入力の処理からデータの保存、出力までを1つのソースコードで実装しても問題になることはほとんどありません。

しかし、規模が大きくなってくると、開発者やデザイナーなど複数の人が開発に関わります。このとき、1つのソースコードで管理していると、デザイナーがデザインを少し変えたいと思っても、変更したデータを保存する部分が含まれたソースコードまで修正しなければなりません。

また、プログラマが処理内容を変更するだけで、デザインに影響してしまう可能性があります。このような状況を避けるため、ソースコードを**Model（モデル）、View（ビュー）、Controller（コントローラー）に分けて開発する手法**が用いられることが多く、頭文字を取ってMVCと呼ばれています（図6-12）。

このMVCに沿ったフレームワークをMVCフレームワークといいます。WebアプリにおけるMVCフレームワークの例として、RubyのRuby on Rails、PHPのLaravelやCakePHPなどがあります。

MVVMとMVP

最近では、「ある画面上の項目を書き換えたときに即時反映したい」もしくは「データベースに保存されている内容が変更されたときに、画面にもデータを反映したい」など、双方向のやりとりが求められる場合があります。

これを実現する方法として、**モデルやビューで更新されたデータをもう一方に反映させる**View Model（ビューモデル）という考え方があります。図6-13のように、ViewとModelをつなぐ役割を果たすもので、それぞれの頭文字を取ってMVVMといいます。

他にもMVP（図6-14）などの考え方もあります。

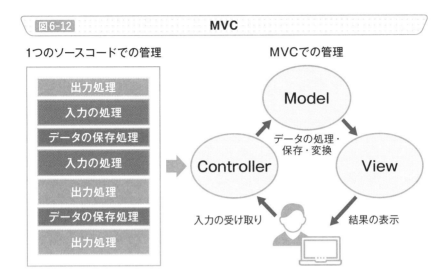

図6-12　MVC

1つのソースコードでの管理

| 出力処理 |
| 入力の処理 |
| データの保存処理 |
| 入力の処理 |
| 出力処理 |
| データの保存処理 |
| 出力処理 |

MVCでの管理

Model

Controller

データの処理・
保存・変換

View

入力の受け取り

結果の表示

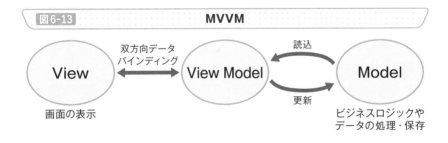

図6-13　MVVM

View

画面の表示

双方向データ
バインディング

View Model

読込

更新

Model

ビジネスロジックや
データの処理・保存

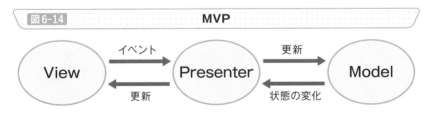

図6-14　MVP

View

イベント

更新

Presenter

更新

状態の変化

Model

Point

🖉 Webアプリの開発などにおいて、MVCなどを使うことで作業の分業が
明確になり、開発効率の向上が見込める

🖉 MVCと同じように役割を分ける方法としてMVVMやMVPなどがある

» HTMLなどの要素を操作する

ツリー構造でプログラムからHTMLの要素を扱う

WebアプリはWebサーバー側だけでなく、Webブラウザ側で処理を実行したい場合もあります。例えば、「入力フォームに入力された内容を送信前にチェックする」「項目数を動的に増減させる」といったことです。

Webブラウザ上で実行できるプログラミング言語としてJavaScriptがあり、多くのWebブラウザが対応しています。HTMLの要素を操作するには、HTMLの構造を扱うAPIが必要で、これを実現するのがDOM（Document Object Model）です。

DOMを使うとHTMLなどの文書を図6-15のようなツリー構造で扱えます。Webブラウザ上での表示を動的に変更するには、HTMLの要素や属性を変化させる必要があるため、図6-15のように各要素に接している要素を順にたどってアクセスする方法が用意されています。

JavaScriptではこのような関数が標準で用意されており、DOMを簡単に扱えるだけでなく、**要素や属性、テキストなどをJavaScriptのオブジェクトとして操作**でき、インタラクティブな動作を実現できます。

非同期にWebサーバーと通信する

Webサイトにアクセスするとき、通常はページ内のリンクをクリックしてページを遷移します。このとき、Webページ全体を読み込んで表示しますが、ページ内の一部を書き換える場合には無駄が多いといえます。

そこで、操作が行われたときにページを遷移せずに、Webサーバーと非同期にHTTP通信を行い、ページの内容を動的に書き換える手法をAjax（Asynchronous JavaScript + XML）といいます（図6-16）。

この「非同期」という部分が重要で、**サーバーとのやりとりの間、利用者はページ内の他の部分を操作できます**。Ajaxによって、ページを遷移するたびに発生していた、ページが読み込まれるまでの待ち時間をなくすことができるのです。

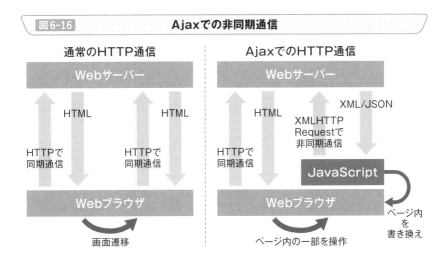

図6-15 HTMLの構造とDOMでの移動操作

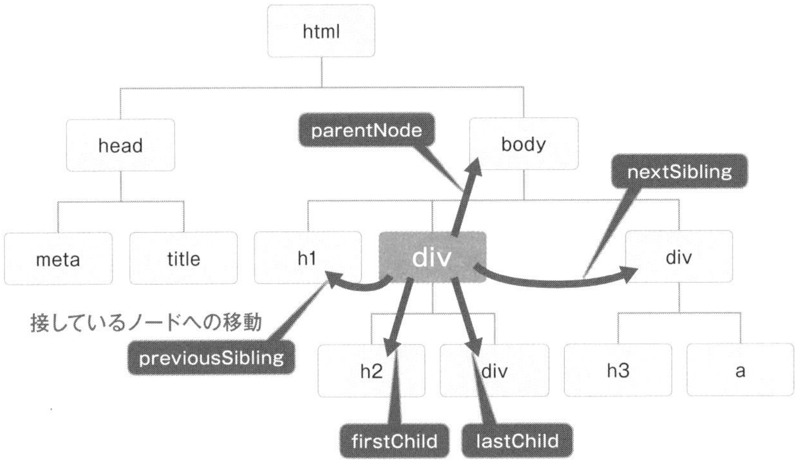

図6-16 Ajaxでの非同期通信

Point

🖉 Webブラウザ内でHTMLの要素を操作するためにJavaScriptでDOMを扱う方法がよく使われる

🖉 Webサーバーと非同期に通信し、ページの内容を動的に書き換える手法をAjaxといい、利用することでユーザー体験の向上につながる

» Webブラウザで動的な
制御を簡単に行う

数行で実装でき開発効率を上げられるjQuery

JavaScriptは多く使われていますが、開発効率を上げるためライブラリやフレームワークと合わせて使われることが増えています。中でも長く使われてきたライブラリにjQueryがあります。JavaScriptの標準だけで書くとかなりの行数になってしまう処理も、**jQueryを使うと数行で実装できる**ことが少なくありません（図6-17）。

画面遷移せずに非同期でWebサーバーと通信し、ページの一部を書き換えるAjaxのような処理は、jQueryなどを使うと効率よく開発できます。

仮想DOMを使うReact、Vue.js

Webブラウザの処理ではDOMを操作してHTMLの要素を扱うことが一般的ですが、処理が複雑になるとその管理が面倒になります。そこで、仮想DOMと呼ばれる**仮想的なメモリ領域を操作してHTMLの要素を高速に扱う方法**として、ReactやVue.jsなどがあります（図6-18）。

ReactはFacebookにより開発されたライブラリで、大規模なアプリで多く採用されています。Webアプリだけでなく、スマホアプリを開発できるReact Nativeなどもあり、人気を集めています。

また、Vue.jsも人気です。日本語の資料が多く学びやすいだけでなく、手軽に扱えるシンプルなフレームワークであるため、既存のプロジェクトに少しずつ導入できます。Vue.jsを活用したNuxt.jsも注目されています。

人気のフレームワークやライブラリ

JavaScriptに型を導入したTypeScriptが使われているフレームワークにAngularがあります。Googleが開発し、多くのWebアプリで使われています。

小規模な開発には、シンプルで軽量なライブラリとして使えるRiotも注目を集めています。学習コストが少ないため、手軽に導入できます。

図6-17 フレームワークやライブラリを使う効果（例：jQuery）

```javascript
let button = document.getElementById('btn')
button.onclick = function(){
    let req = new XMLHttpRequest()
    req.onreadystatechange = function() {
        let result = document.getElementById('result')
        if (req.readyState == 4) {
            if (req.status == 200) {
                result.innerHTML = req.responseText
            }
        }
    }
    req.open('GET', 'sample.php', true)
    req.send(null)
}
```

jQueryを使うと…

```javascript
$('#btn').on('click', function(){
    $.ajax({
        url: 'sample.php' ,
        type: 'GET'
    }).done(function(data) {
        $('#result').text(data)
    })
})
```

図6-18 特徴の比較

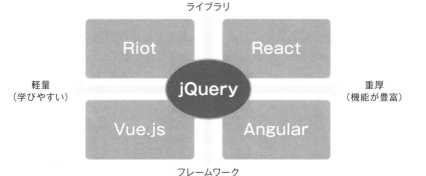

ライブラリ

| Riot | React |

軽量（学びやすい）　　jQuery　　重厚（機能が豊富）

| Vue.js | Angular |

フレームワーク

Point

- JavaScriptのフレームワークやライブラリを使うことで、Webブラウザ上で実行する処理を簡単かつ便利に記述できる
- 最近はjQueryよりも便利なフレームワークやライブラリが人気を集めている

» Webでよく使われるデータ形式

HTMLのようにタグで囲う表現方法

データをテキスト形式で保存する方法として、身近な形式にCSV（Comma Separated Value）があります。カンマ区切りで分割するだけなので、データを表計算ソフトなどで扱うのは簡単ですが、見出し行で列の名前を指定できる以外に、データ構造についての情報がありません。

そこで、プログラムで処理しやすいデータ構造が考えられてきました。HTMLと似たタグで表現する方法にXML（eXtensible Markup Language）があります。**タグの名前以外に、属性を使って表現**でき、データの保存だけでなく設定ファイルの記述などでも多く使われます（図6-19）。

プログラムでも処理しやすい表現方法

XMLは便利な一方で、開始タグと終了タグで挟む必要があるなど、記述量が多く、可読性も低いです。そこで、最近ではより簡易な記述方法として JSON（JavaScript Object Notation）がよく使われるようになりました。

名前の通り、JavaScriptで使われる記法で、**そのままJavaScriptのオブジェクトとして使用できます**。最近ではJSON形式を簡単に扱えるプログラミング言語も増えており、多くのプログラムで使われています。

インデントを使う表現方法

JSONと似た記法としてYAML（YAML Ain't a Markup Language）があり、XMLよりも簡単に記述できます。**インデントで階層を表現する記法**のため、人間にもわかりやすく、覚えやすいという特徴があります。

JSONではコメントが記述できませんが、YAMLでは記述できるため、設定ファイルやログなどの用途で便利に使われています。YAMLで定められているのは仕様だけなので、処理するライブラリが必要となります。

データの表記が正しいかを検証するツールにlintがあります（図6-20）。

図6-19　データ形式の比較

CSV形式の例

```
タイトル,金額,出版社
図解まるわかりセキュリティのしくみ,1680,株式会社翔泳社
IT用語図鑑,1800,株式会社翔泳社
…
```

XML形式の例

```
<?xml version="1.0"?>
<books>
    <book>
        <タイトル>図解まるわかりセキュリティのしくみ
</タイトル>
        <金額>1680</金額>
        <出版社>株式会社翔泳社</出版社>
    </book>
    <book>
        <タイトル>IT用語図鑑</タイトル>
        <金額>1800</金額>
        <出版社>株式会社翔泳社</出版社>
    </book>
…
</books>
```

JSON形式の例

```
[
    {
        "タイトル": "図解まるわかりセキュリティのしくみ",
        "金額": 1680,
        "出版社": "株式会社翔泳社"
    },
    {
        "タイトル": "IT用語図鑑",
        "金額": 1800,
        "出版社": "株式会社翔泳社"
    }
    …
]
```

YAML形式の例

```
- タイトル: 図解まるわかりセキュリティのしくみ
  金額: 1680
  出版社: 株式会社翔泳社
- タイトル: IT用語図鑑
  金額: 1800
  出版社: 株式会社翔泳社
…
```

図6-20　データ形式を検証するlint

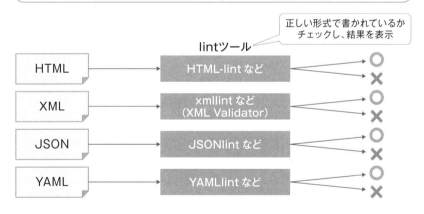

正しい形式で書かれているか
チェックし、結果を表示

lintツール

HTML	HTML-lint など
XML	xmllint など（XML Validator）
JSON	JSONlint など
YAML	YAMLlint など

Point

- データをテキスト形式で保存するときのフォーマットとして、CSVやXML、JSON、YAMLなどがある
- データが正しく表記されているかを検証するツールとしてlintがある

》 整合性を保った状態で
データを扱う

整合性を保った状態でデータを管理する

テキストや画像だけでなく、WordやExcelなどのアプリのデータなど、私たちは多くのデータをファイルに保存しています。しかし、多くのデータを複数人で利用する場面では、誰がどこにデータを保存したのかわからなくなってしまいます。ファイルリーバーなどを使う方法もありますが、複数人で使うと同時にアクセスできなかったり、更新できなかったりします。誤ったファイルを簡単に格納できてしまう問題もあります。

そこで、企業などにおいて重要なデータを、**整合性を保った状態で保存する**ためにデータベースがよく使われます。

データの操作だけでなく格納するテーブルなどを定義する

データベースを扱う場合は、SQLというプログラミング言語を使います。1つのデータベースにはExcelのシートのような「テーブル」が複数存在し、SQLを使ってこれらを操作します。SQLでは、データの登録や更新、削除といったデータの操作だけでなく、テーブルやインデックス（索引）の定義や更新、削除なども可能です（図6-21）。

データベースには複数の製品がありますが、**SQLは標準化されていて、基本的にはどの製品でも使用できます**。しかし、方言のような形で独自に拡張されており、部分的に使えない機能の存在には注意が必要です。

整合性を確保する

データベースの製品は一般にDBMS（データベース管理システム）と呼ばれます。DBMSでは「データの整合性を保つ」「アクセス権限を設定してデータを保護する」「矛盾なく処理するトランザクション機能を持つ」「障害に備えてバックアップを作成する」などの機能を備えています（図6-22）。

プログラマはSQLで指示を出すだけで安全にデータを管理できます。

図6-21　SQLの代表的な機能

分類	SQL文	内容
データモデルを定義	CREATE文	テーブルや索引を作成する
	ALTER文	テーブルや索引を変更する
	DROP文	テーブルや索引を削除する
データを操作	SELECT文	テーブルからデータを取得する
	INSERT文	テーブルにデータを登録する
	UPDATE文	テーブルのデータを更新する
	DELETE文	テーブルのデータを削除する
権限などを操作	GRANT文	テーブルやユーザーに権限を付与する
	COMMIT文	テーブルへの変更を確定する
	ROLLBACK文	テーブルへの変更を取り消す

図6-22　DBMSの効果

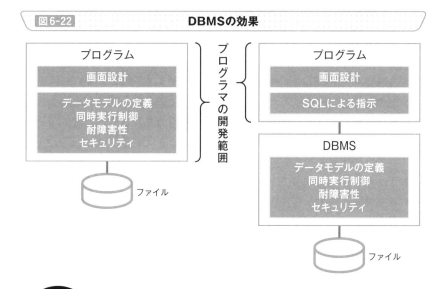

Point

🖋 データベースを使うことで、データの管理をDBMSに任せることができ、整合性を保った状態で安全に保存できる

🖋 データベースはSQLというプログラミング言語で操作する

» データの整合性を確保する技術

他の人が同時に同じデータを使えないようにする

インターネットで提供するサービスなどは、多くの人が同時にアクセスします。このとき、**複数の人が同時に同じデータを参照や、更新しても矛盾なく処理できる必要があります**。これを同時実行制御といいます。

Aさんがファイルを開いて、そこにデータを追記して保存しようとしている場面を考えます。追記している間に、Bさんが追記前のファイルを開き、修正して保存してしまうと、Aさんの変更が失われてしまいます。

そこで、ある人がデータを使っている場合は他の人がそのデータを扱えないようにする必要があります。これを排他制御といいます。排他制御の方法として、図6-23のような悲観的排他制御や楽観的排他制御があります。

更新処理をひとまとめにする

一部の処理だけが成功して、残りの処理が失敗するとデータベースの整合性を保てないような場合、**複数の処理を一連の流れとして処理する**必要があります。これをトランザクションといいます。トランザクションを使うことで、処理をまとめて扱い、成功か失敗かのどちらかに分類できます。

トランザクションの例として、図6-24のような銀行での振込処理が挙げられます。AさんからBさんに振り込むとき、Aさんの口座から出金する処理と、Bさんの口座に入金する処理が必要です。この2つの処理を分けてしまうと、出金の処理は成功しても、入金の処理にトラブルが発生した場合に、そのお金が宙に浮いてしまいます。

そこで、これらの処理をトランザクションとしてまとめることで、出金と入金の両方が行われたときは成功とし、どちらかを失敗した場合は処理をキャンセルできるように設定できます。

もし、上記に加えてBさんも自分の口座からAさんの口座に振り込もうとした場合、それぞれの持ち主が同時に口座を利用しているので、2人ともデータを更新できません。このような状況をデッドロックといいます。

| 図6-23 | 排他制御 |

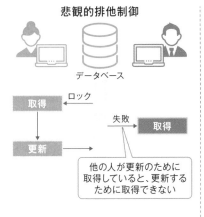
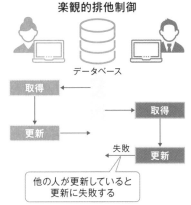

悲観的排他制御

楽観的排他制御

他の人が更新のために取得していると、更新するために取得できない

他の人が更新していると更新に失敗する

| 図6-24 | トランザクションとデッドロック |

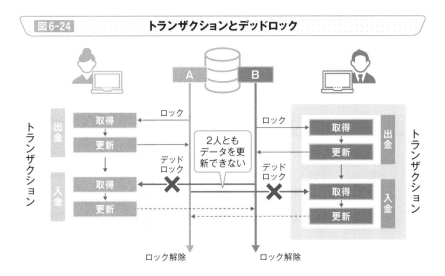

2人ともデータを更新できない

<Point>

- 複数の人が同時に同じデータを更新しようとしても、データの整合性を確保できるようなしくみがデータベースには用意されている
- 複数の処理が同時に更新しようとして、どちらも処理できない状況をデッドロックという

≫ サーバーを借りて サービスを提供する

インターネット上のサーバーの一部を借りる

　Webサイトを運営するとき、自分でWebサーバーを構築する方法もありますが、24時間体制で稼働させると電気代もかかりますし、監視が大変です。そこで、Webサイトなどの運営に特化したサーバーを用意している事業者と月額や年額で契約して利用する方法があります。

　1つの物理サーバー上にOSやデータベース、Webサーバーなどのインストールが済んでおり、インターネット上に公開されているサーバーをレンタルサーバーといいます。

　複数のWebサイト運営者がその資源を共有して使うため、Webサイト運営者が**OSやデータベース、Webサーバーなどの設定を変えることはできません。**運営者が配置したファイルに訪問者がアクセスして閲覧するだけです（図6-25）。

インターネット上のサーバーを自分で管理する

　レンタルサーバーは安価に利用できますが、事業者が用意した機能しか利用できません。Webサーバーやメールサーバーなどよく使われる機能だけに制限されており、利用者が使いたいツールや言語は自由に使えません。

　できることが限られており、運用も任せられるという面では、セキュリティ面などを考えると安心ですが、もっと自由に使いたい場合はレンタルサーバーでは不満が出てきます。

　そこで、物理サーバーにインストールされているOSの上で仮想サーバーを用意し、その仮想サーバーを利用者に割り当てる方法としてVPS（Virtual Private Server）があります。

　VPSでは、利用者は仮想サーバー（ゲストOS）の管理者権限を取得できるため、**自由にサーバーを構築し、ツールを導入できます**（図6-26）。ただし、サーバーを自分で管理するため、修正プログラムなども自分で適用しないとセキュリティ面での不安が残ります。

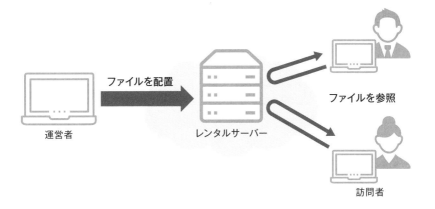

図6-25　レンタルサーバー

ファイルを配置

運営者　　　　　レンタルサーバー

ファイルを参照

訪問者

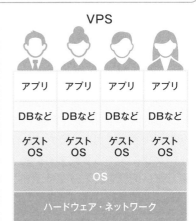

図6-26　レンタルサーバーとVPSの違い

レンタルサーバー

アプリ（Webサーバーなど）

データベース・ミドルウェア

OS

ハードウェア・ネットワーク

VPS

アプリ	アプリ	アプリ	アプリ
DBなど	DBなど	DBなど	DBなど
ゲストOS	ゲストOS	ゲストOS	ゲストOS

OS

ハードウェア・ネットワーク

Point

- レンタルサーバーを使うことで、自分でサーバーを構築しなくても24時間365日インターネットに公開された領域を使用できる
- Webサーバーやメールサーバー以外のツールやプログラミング言語を自由に使いたい場合はVPSを使うという選択肢もある
- VPSを使う場合は、自分でサーバーを管理するため、セキュリティなどに注意する必要がある

» クラウド技術のサービス形態

サービスとしてクラウドを使う

サーバーの機能やアプリなどをインターネット越しにサービスとして利用することをクラウドと呼ぶ場合があります。クラウドで利用できるサービスは多岐にわたり、サービス内容や利用形態に応じて分類されます（図6-27）。

アプリをサービスとして提供、利用する形態のことをSaaSといいます。SaaSでは事業者がアプリまで提供するため、利用者は**Webブラウザを用いてこのアプリを利用する**だけです。データを保存することはできますが、アプリを含めて機能を変更することはできません。

プラットフォームとしてクラウドを使う

OSなどのプラットフォームをサービスとして提供する形態のことをPaaSといいます。PaaSでは、提供されたプラットフォーム上で動くアプリを利用者側で用意するため、**自由にアプリを開発、利用できます。**

インフラに関する手間を省いたうえで、自分の実現したい機能を手軽に実現したい開発者にとっては便利なサービスだといえます。

インフラとしてクラウドを使う

ハードウェアやネットワークなどのインフラ部分をサービスとして提供する形態のことをIaaSといいます。IaaSでは、**OSやミドルウェアの部分から利用者が自由に選定して、インターネット上で利用できます。**

ハードウェアの性能やOSを自由に選べる一方で、OSやハードウェア、ネットワークなどに関する知識が求められます。細かな設定が可能ですが、セキュリティなどについてもすべて利用者が対応する必要があります。

いずれの形態でも「使った分だけ支払う」のがクラウドの特徴です。実現したい機能に合わせて、サービス形態を使い分けます（図6-28）。

| 図6-27 | プラットフォームの比較 |

利用者が用意する範囲

アプリ	アプリ	アプリ	アプリ	アプリ
OSなど	OSなど	OSなど	OSなど	OSなど
運用	運用	運用	運用	運用
サーバー	サーバー	サーバー	サーバー	サーバー
設備	設備	設備	設備	設備
ハウジング	ホスティング	IaaS	PaaS	SaaS

事業者が提供する範囲

| 図6-28 | プラットフォームの使い分け |

料金や性能を柔軟に変えたい

| IaaS | PaaS |

サーバーやツールを自由に選定したい

手軽にアプリだけを開発・運用したい

| VPS | レンタルサーバー |

料金は定額、性能は固定したい

Point

- クラウド環境としてSaaSやPaaS、IaaSなどが存在するが、それぞれの自由度と注意点を考慮したうえで選ぶ必要がある
- VPSやレンタルサーバーと比較し、性能を柔軟に変えられる一方で料金も変わる

》 ソフトウェア的に ハードウェアを実現する

コンピュータ内で複数のコンピュータを動かす

　CPUやメモリなどのハードウェアが持つ機能をソフトウェアで実現し、コンピュータの中で仮想的なコンピュータを動かす技術を仮想マシンといいます。仮想マシンを使うと、**1つのコンピュータ内で複数の仮想的なコンピュータを動かすことができます**（図6-29）。

　最近のコンピュータは、ハードウェアの高性能化に伴い、CPUなどに余力がある状況です。しかし、仮想的に複数のコンピュータを動かして負荷を平準化できれば、物理的なサーバー台数を削減できるため、コストダウンにつながります。ただし、仮想化ソフトの上でソフトウェア的に実行されるため、物理的なハードウェアと比べて性能面は低下します。

コンテナでOSを管理する

　仮想マシンは便利なしくみですが、それぞれにOSを実行する必要があり、CPUやメモリだけでなく、ハードディスクなどの記憶装置も消費します。そこでコンテナ型のアプリ実行環境が考えられました。

　代表的なものにDockerがあり、仮想マシンに比べて起動時間が短く、性能面でも有利です。OSは固定されますが、開発環境などで多く使われています（図6-30）。

自動的に仮想マシンを設定する

　複数の似たような仮想マシンを管理する場合、毎回設定を行うのは面倒です。そこで、仮想マシンの構成情報を記述した設定ファイルを作成することで、構築や設定を自動化する方法があり、代表的なツールにVagrantがあります。

　一度設定ファイルを作成すれば、**簡単に台数を増やせるだけでなく、他の担当者と共有することも可能です**。

図6-29 　　　　　　　　　　仮想マシンとDocker

仮想マシンの場合

Dockerの場合

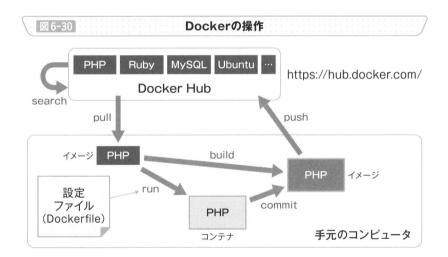

図6-30 　　　　　　　　　　Dockerの操作

https://hub.docker.com/

Point

　∥ 仮想マシンを使うことで、1台のコンピュータの中で複数の仮想的なコンピュータを実行できる

　∥ 最近はDockerなどのコンテナ型を導入する企業が増えており、より柔軟な仮想環境が構築できるようになっている

≫ OSや他のアプリケーションの機能を呼び出す

ソフトウェア同士のインターフェイス

　GUIやCUIは人間がコンピュータを使うときのインターフェイスですが、ソフトウェア同士がデータを受け渡すときにもインターフェイスが求められます。アプリ開発で既存のライブラリを使う場合、そのインターフェイスをAPI（Application Programming Interface）といいます（図6-31）。

　用意されたAPIに従って処理を記述することで、**ライブラリの中身を知らなくてもライブラリが持つ機能を使用できます**。OSが提供する機能を呼び出すために使われるAPIもあれば、他のアプリが提供する機能を呼び出すために使われるAPIもあります。

ハードウェアの機能を呼び出す

　ハードウェアを制御するソフトウェアを開発するとき、**アプリが直接ハードウェアを制御することは、許可されていません**。そこで、OSはハードウェアを制御する機能をアプリが使えるようにシステムコールと呼ばれるしくみを用意しており、APIと同じように呼び出して使います。

　一般的なプログラムではシステムコールを使う場面はあまりありませんが、一部のシステムで処理速度が求められる場合に使われます。

複数のサービスを組み合わせる

　インターネット上で公開されているWebサービスを呼び出すことで、他のサービスと連携することもできます。このようなインターフェイスをWeb APIといいます（図6-32）。また、複数のWebサービスなどを連携して新たなサービスを作ることをマッシュアップと呼ぶこともあります（図6-33）。

　例えば、イベント情報を検索するアプリを作る際に、地図や路線検索のAPIを組み合わせると、そのイベントを訪問する人に便利なサービスを作ることができます。

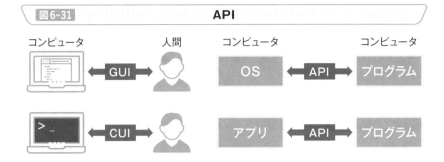

図6-31　API

コンピュータ　　　　　　　人間

GUI

CUI

コンピュータ　　　　　コンピュータ

OS ← API → プログラム

アプリ ← API → プログラム

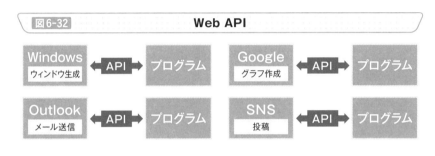

図6-32　Web API

Windows
ウィンドウ生成 ← API → プログラム

Outlook
メール送信 ← API → プログラム

Google
グラフ作成 ← API → プログラム

SNS
投稿 ← API → プログラム

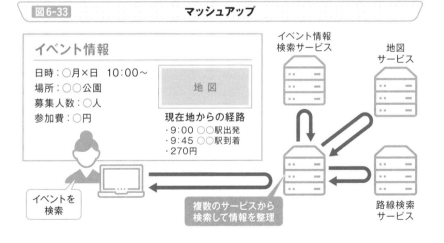

図6-33　マッシュアップ

イベント情報

日時：○月×日　10:00〜
場所：○○公園
募集人数：○人
参加費：○円

地　図

現在地からの経路
・9:00 ○○駅出発
・9:45 ○○駅到着
・270円

イベントを
検索

複数のサービスから
検索して情報を整理

イベント情報
検索サービス

地図
サービス

路線検索
サービス

Point

𝄐APIを使うことで、ソフトウェア同士でのデータのやりとりが可能になる
𝄐マッシュアップしてサービスを提供できると利用者の利便性が上がる

» バージョン管理システムを知る

ファイルのバージョン管理の定番ツール

開発していると、プログラムを以前のバージョンに戻したくなることがあります。また、開発環境から本番環境にソースコードを移行する場合に、すべてをコピーするのではなく、差分だけを移行したいことがあります。

このような場合に使われるのがバージョン管理システムです。「いつ誰がどこをどのように修正したのか」「最新のバージョンはどれか」など、変更点を管理するソフトウェアで、最近はGitが人気を集めています。

これまでのバージョン管理システムは履歴などを管理するリポジトリ（貯蔵庫）が全体で1つだけでした。Gitは「分散型バージョン管理システム」と呼ばれ、リポジトリを複数の場所に分けて保存します。開発者が手元のPCにローカルリポジトリを保持しており、普段はここでプログラムを管理します（図6-34）。

他の開発者と共有するときにはローカルリポジトリからリモートリポジトリに反映されます。**ネットワークに接続していない状況でもローカルリポジトリでバージョン管理できる**ため、開発効率を向上できるのです。

便利な機能を備えたGitHub

Gitのリモートリポジトリとして社内でサーバーを用意することもできますが、便利なサービスとしてGitHubがあります。GitHubはGitのリモートリポジトリ機能だけでなく、他の開発者にレビューを依頼し、通知、記録するプルリクエストという便利な機能を備えています（図6-35）。

集中管理するSubversion

Gitのような分散型に対し、1つのリポジトリで管理する「集中型バージョン管理システム」の代表的なものにSubversionがあります。最近はGitが主流になりましたが、現在でも多くのプロジェクトで使われています。

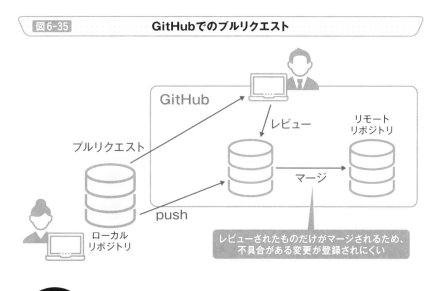

図6-34　**Gitの操作**

リモート
リポジトリ

push　　　　　pull

pull　　　　push

ローカル
リポジトリ　　　　　　　　　　　　　　　　　　　　ローカル
リポジトリ

commit　　　　　　　　　　　commit

手元で作業　　　　　　　　　　　　　　　　手元で作業

図6-35　**GitHubでのプルリクエスト**

GitHub

レビュー

リモート
リポジトリ

プルリクエスト

マージ

ローカル
リポジトリ

push

レビューされたものだけがマージされるため、
不具合がある変更が登録されにくい

Point

🖉 ファイルを変更したときに差分や履歴を管理する方法として、バージョ
ン管理システムがあり、GitやSubversionなどが有名である

🖉 Gitのリモートリポジトリとして代表的なサービスにGitHubがある

≫ 無償で公開されている
ソースコード

ソースコードを公開する効果

　無料で公開されているソフトウェアのことをフリーソフトといいますが、ソースコードまでは公開されていないことが一般的です。一方で、**ソースコードが公開されており、無償で誰でも自由に改変、再頒布が可能なソフトウェア**を OSS（Open Source Software）といいます（図6-36）。

　OSSは、特定の企業ではなく、有志によって組織されたコミュニティで開発されていることが多く、その開発に多くのプログラマが参加しています。OSSは基本的に自由に使えるため、そのソースコードを見てしくみを勉強することもできますし、その一部を修正して改良したソフトウェアを開発することも可能です。

ライセンスの違いを理解する

　OSSはソースコードが公開されているからといって、無制限に利用できるわけではありません。図6-37のようなライセンスが定められており、GPLやBSDライセンス、MITライセンスなどが有名です。改変したソフトウェアを配布する場合、そのソースコードの開示が必要なこともあります。

　OSSを用いて商用のソフトウェアを開発し、ソースコードを公開せずに販売する場合は、**ライセンスの内容に注意**しましょう。

OSSを使うときの注意点

　OSSはソースコードが公開されているため、脆弱性が容易に見つかることがあります。開発しているコミュニティも企業ではないため、その対応に時間がかかる場合もあります。プログラムによっては、ほとんどメンテナンスされていないものも存在します。

　逆に脆弱性が見つかったときに、他の開発者が誰でも修正できるというメリットもありますが、デメリットがあることも理解しておきましょう。

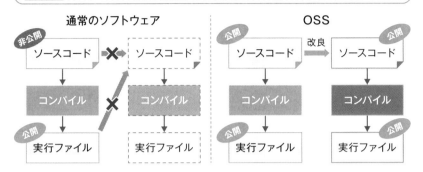

図6-36 OSSと通常のソフトウェアの違い

通常のソフトウェア

非公開 ソースコード ❌ ソースコード

コンパイル ❌ コンパイル

公開 実行ファイル 実行ファイル

OSS

公開 ソースコード → 改良 → 公開 ソースコード

コンパイル コンパイル

公開 実行ファイル 公開 実行ファイル

図6-37 OSSライセンス

カテゴリ・類型	ライセンスの例	改変部分のソースコード開示	他のソフトウェアのソースコード開示
コピーレフト型	GPL、AGPLv3、EUPLなど	必要	必要
準コピーレフト型	MPL、LGPLv3など	必要	不要
非コピーレフト型	BSD License、Apache 2.0 License、MIT Licenseなど	不要	不要

出典：情報処理推進機構「OSSライセンスの比較および利用動向ならびに係争に関する調査調査報告書」
（URL：https://www.ipa.go.jp/files/000028335.pdf）をもとに作成

図6-38 権利の範囲

	作者が持つ権利	利用者が持つ権利
書籍の場合	出版する、印刷する、改版する、…	読む
音楽の場合	録音する、演奏する、編曲する、…	聴く
ソフトウェアの場合	複製する、配布する、改変する、…	実行する

OSSの場合、利用者が使える範囲が変わる

Point

- OSSは無料で公開されているが、定められているライセンスに従って使用する必要がある
- メンテナンスされていないOSSもあり、使用する際には脆弱性などに注意する必要がある

他人のプログラムを元に戻す

実行ファイルからソースコードを作り出す

　商用のソフトウェアを開発する場合、そのソースコードは非常に重要な資産です。ソースコードが他社に盗まれてしまうと、簡単に類似ソフトウェアを開発されてしまいます。そこで、一般的にはコンパイルした後の機械語の実行ファイルのみを配布しています。

　ライバル社からすると、その実装方法はどうしても知りたい情報です。そこで、機械語の実行ファイルからソースコードや設計図などを作り出すことを考えます。これをリバースエンジニアリングといいます（図6-39）。

　ハードウェアであれば、分解すれば内部構造を比較的簡単に調査できますが、ソフトウェアの場合は完全にソースコードを取り出すことは困難です。また、**ソフトウェアには著作権があるため、リバースエンジニアリングには問題がある**と考えられ、契約上禁止されている場合もあります。

ソースコードの紛失の危機を救う

　自社の製品であっても、ソースコードを紛失してしまったために、実行ファイルからソースコードを可能な限り復元したい場合もあります。それには機械語をできるだけ人間が読める形に変換する必要があるのです。

　このような変換を行うツールを逆アセンブラといい、変換作業のことを逆アセンブルといいます。名前の通り、アセンブリ言語から機械語を変換する逆の作業を行うだけであり、得られるコードはアセンブリ言語のようなレベルです（最近では中間言語を使っている言語もあり、ある程度読める場合もあります）。

　さらに、高水準言語のソースコードにまで変換するツールに逆コンパイラがありますが、多くのプログラミング言語ではその実現は難しく、元のソースコードとまったく同じものが生成できるわけではありません。最近では難読化が施されている場合もあるため、あくまでも参考程度として、復旧に貢献できる可能性があると考えておくとよいでしょう（図6-40）。

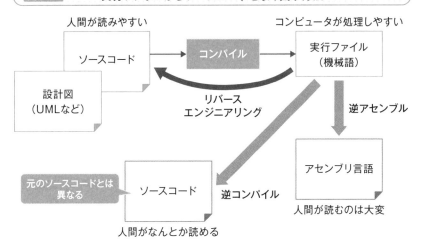

図6-39 実行ファイルからソースコードを取り出す方法

人間が読みやすい　　　　　　　　コンピュータが処理しやすい

ソースコード　→　コンパイル　→　実行ファイル（機械語）

設計図（UMLなど）

リバースエンジニアリング

逆アセンブル

アセンブリ言語　人間が読むのは大変

元のソースコードとは異なる　ソースコード　逆コンパイル

人間がなんとか読める

図6-40 難読化の例

```
function fibonacci(n){
    if ((n == 0) || (n == 1)){
        return 1;
    } else {
        return fibonacci(n - 1) + fibonacci(n - 2);
    }
}

let n = 10;
console.log(fibonacci(n));
```

難読化

```
var _0xbee9=["¥x6C¥x6F¥x67"];function
a(b){if((b==0)||(b==1)){return 1}else {return
a(b-1)+ a(b-2)}}let
c=10;console[_0xbee9[0]](a(c))
```

Point

🖉 リバースエンジニアリングにより実行ファイルからソースコードなどを作り出すことができる

🖉 難読化されているソースコードの場合、逆コンパイルしても元のソースコードとは程遠いことがある

第6章 他人のプログラムを元に戻す

227

» セキュリティ上の不具合を知る

一般の利用者が気づかない不具合

ソフトウェアは人間が作ったものなので、必ずといっていいほど不具合が存在します。一般的な不具合であれば、利用者が想定している機能と異なる動作をするため、利用者でも気づくことができます。

しかし、セキュリティ上の不具合がある場合は、多くの人は気がつきません。このようなセキュリティ上の不具合を脆弱性といいます。悪意を持った攻撃者が脆弱性に気づくと、それを狙った攻撃が行われるため、ウイルス感染や情報漏えい、改ざんなど多くの被害が発生します（図6-41）。

脆弱性と似た言葉にセキュリティホールがあります。脆弱性はソフトウェアだけでなく、「ハードウェアの脆弱性」や「人の脆弱性」などのように使われることもあります。つまり、脆弱性がセキュリティ上の問題がある場合に幅広く使われる言葉なのに対し、セキュリティホールは主にソフトウェアに関するものに使われます（図6-42）。

メモリの不適切な管理により起こる攻撃

コンピュータにインストールされているソフトウェアへの攻撃として、メモリの不適切な管理を悪用する方法があり、バッファオーバーフローと呼ばれています。

バッファオーバーフローは、**プログラマが想定していた領域を超えて、データにアクセスできてしまうこと**を悪用した攻撃で、スタックオーバーフローやヒープオーバーフローなどの種類があります。

例えば、関数を呼び出す場合、メモリ上に変数の領域を確保し、関数の戻り先の情報を格納しますが、確保したメモリのサイズを超えたデータが入力されると、他の変数や関数の戻り先を上書きしてしまいます（図6-43）。関数の戻り先を書き換えられるため、攻撃者が用意した任意の処理が実行できてしまうのです。

図 6-41 **不具合と脆弱性の違い**

不具合（バグ）

登録したはずなのに
データが登録されない

ボタンを押すと
マニュアルと違う
画面が表示される

本来できるはずの処理ができない

脆弱性

問題なく使える

データを
改ざんできる

管理者
権限を
乗っ取れる

通常の操作には問題ないが、
攻撃者の視点では不正な操作ができる

図 6-42　**脆弱性とセキュリティホールの関係**

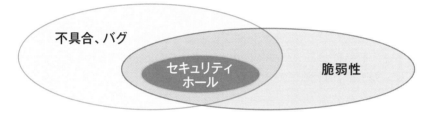

不具合、バグ

セキュリティ
ホール

脆弱性

図 6-43　**バッファオーバーフローの例**

データの入力前
（スペースを確保）

入力された
データ

データの入力後
（スペースを占拠）

確保した変数の
領域

他の変数

関数の戻り先

入力された
データ

他の領域を
上書き

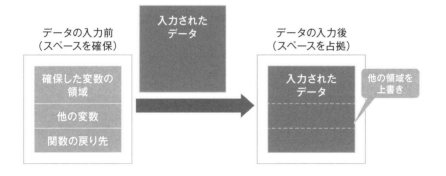

Point

- 脆弱性があると一般の利用者は問題なく使えるが、攻撃者はそれを悪用
してさまざまな攻撃が可能になる
- メモリ管理に関する脆弱性の例としてバッファオーバーフローなどが
ある

やってみよう

Webアプリの Cookie を調べてみよう

　実際に使われているWebアプリで、どのような内容がCookieに保存されているか調べてみます。このとき、Webブラウザの開発者モードを使用します。

　例えば、Google Chromeであれば「Chromeデベロッパーツール」が搭載されています。ウィンドウを開いた状態で、Windowsの場合、「Control + Shift + I」または「F12」キーを、macOSの場合、「Command + Option + I」を押すと起動できます。

　開いた画面の「Application」タブにある「Storage」から「Cookies」を見ると、開いているページで使用されているCookieを表示できます。例えば、Yahoo! JAPANのトップページでは、次のように多くのCookieが使われていました。

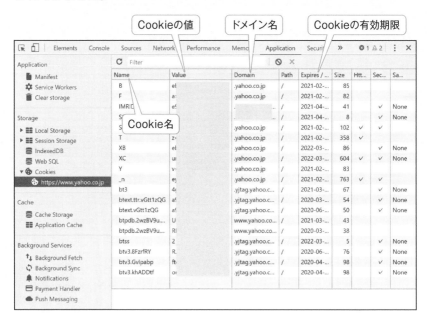

　自分がよく閲覧するWebサイトで、どのようなCookieが使われているか調べてみてください。

> ・「➡」の後ろの数字は関連する本文の節
> ・「※」がついているものは、本文には登場していないが関連する用語

A～Z

※ACID (➡6-10)
データベースがトランザクション処理をするときに備えておくべき性質で、原子性（Atomicity）、一貫性（Consistency）、独立性（Isolation）、永続性（Durability）の頭文字からなる言葉。

CI/CD (➡5-10)
ソースコードをコミットすると、自動的にビルドやテストを実行するだけでなく、いつでもリリースできる状態を保つこと。

※CRUD (➡6-10)
データベースなどにおいて、データの操作の基本となる機能を指す言葉で、作成（Create）、読み込み（Read）、更新（Update）、削除（Delete）の頭文字を並べたもの。「クラッド」と呼ぶ。

DOM (➡6-7)
HTMLのような文書をプログラムで扱いやすいように表現し、操作できるようなしくみのこと。プログラミング言語に依存せず、同じようなインターフェイスでアクセスできる。

※EOF (➡3-9)
ファイルの終端を表す特殊な記号のこと。End Of Fileの略。プログラムがファイルを処理するとき、そのファイルの最後まで読み込んだことを判定するために使われる。

FDD (➡1-8)
顧客にとっての機能価値（Feature）を重視する開発手法。ビジネスの目線で必要な機能を洗い出し、反復的に開発を繰り返す。ユーザー機能駆動開発の略。

※LOC (➡5-8)
ソフトウェアの開発工数を見積もる場合などに使われる、規模を示す指標の1つ。Line Of Codesの略で、ソースコードの行数のこと。

lorem ipsum (➡6-1)
ソフトウェアの画面イメージなどを説明するときに、何らかの文章が入ることを示すために使われるダミーテキスト。文面に意味はなく、デザインを見せるために使われる。

QA（品質保証） (➡1-9)
開発したソフトウェアの品質について、基準を満たしているか顧客目線で検査し、判定する取り組みのこと。出荷後の顧客満足度なども含めて考えることが求められる。

RPA (➡1-3)
コンピュータ内に仮想的に用意されたロボットが、定められたルールに沿って自動的に処理するツール。プログラミングの知識がなくても扱えるため、事務作業を効率化することが期待されている。

RUP (➡1-8)
組織やプロジェクトごとにカスタマイズして使うことを前提にした開発手法。ユースケースと呼ばれるシステムの振る舞いを中心に考え、反復型で開発を進める。ラショナル統一プロセスの略。

UML (➡5-20)
オブジェクト指向での設計や開発において、統一した書式で表現するためのモデリング言語。わかりやすい図で表現することで人や言語によって認識の相違が発生することを防ぐ。

XP (➡5-12)
変更が発生することを当然のものと考えて、変更に積極的に対応する開発手法。ドキュメントよりもソースコードを重視する。エクストリーム・プログラミングの略。

あ

※アンロード (➡6-10)
データをデータベースに格納したり、プログラムをメモリに読み込むことを「ロード」というが、その逆のこと。データをデータベースから取り出したり、メモリからプログラムを破棄することを指す。

※イベント駆動 (➡2-12)
利用者によるキー入力やマウス操作などのイベントが発生したときに動作するようなプログラムのこと。普段は待機状態にあり、イベントが発生すると指定された処理を実行する。

※インクリメント (➡3-5)
変数の値を1つだけ増やす演算のこと。逆に1つだけ減らす演算をデクリメントという。また、小さいことを積み重ねる開発手法をインクリメンタル開発という。

インスタンス (➡5-15)
オブジェクト指向プログラミングにおいて、クラスから生成された実体のこと。インスタンスは、メモリ上に確保され、個別にその領域が割り当てられる。

インターフェイス (➡5-19)
複数のものをつなぎ合わせる部分のこと。機器をつなぐ規格、人間がコンピュータを使う場合の見た目、オブジェクト指向で複数のクラスを扱うときの型など、幅広い場面で使われる。

受入テスト (➡5-4)
開発が終わったソフトウェアに対し、発注者側が実施するテストのこと。要求した機能が実装されていることを確認し、問題なければ検収となる。

オーバーフロー (➡3-12)
決められたサイズの領域に格納できる量を超えたデータが与えられ、その領域からあふれること。数値

のオーバーフローだけでなく、スタックオーバーフロー、バッファオーバーフローなどがある。

オブジェクト　(➡5-15)
オブジェクト指向プログラミングにおいて、あるクラスから生成された実体などの総称のこと。インスタンスと同じ意味で使われることも多い。

※オンプレミス　(➡6-13)
サーバなどを自社内で構築し、運用すること。柔軟にカスタマイズでき、セキュリティ面での安全性も高いが、トラブル発生時は自社での対応が必要となる。クラウドと比較して使われることが多い。

か

※環境変数　(➡3-4)
複数のプログラムで共通に使うような設定を保存するため、OSが用意している変数のこと。利用者やコンピュータごとに設定することで、その利用者やコンピュータ内では同じ値を使用できる。

※関係モデル　(➡5-13)
現在のリレーショナルデータベースの基礎となるモデルで、テーブルと呼ばれる2次元の表でデータを管理し、選択、射影、結合などの機能を持つ。

※キャッシュ　(➡6-5)
一度利用したデータを一時的に保存しておくことで、次の利用時に高速にアクセスできるようなしくみ。

キュー　(➡3-16)
格納した順にデータを取り出すデータ構造のこと。街の中で並んでいる行列に例えて、待ち行列と呼ばれることもある。

クラウド　(➡6-13)
インターネット越しに提供されるさまざまなサービス。サービス内容や利用形態によってSaaS、PaaS、IaaSなどに分類される。

クラス　(➡5-15)
オブジェクト指向プログラミングにおいて、データと操作をひとまとめにするときの設計図にあたるもの。

グローバル変数　(➡4-6)
プログラムのどこからでもアクセスできる変数のこと。うまく使えば便利だが、予期せずにその内容を書き換えてしまう可能性があり、想定外のバグにつながりやすい。

継承（インヘリタンス）　(➡5-16)
オブジェクト指向プログラミングにおいて、既存のクラスを拡張して新たなクラスを作ること。ソースコードの重複を減らして再利用できるメリットがある。

構文解析　(➡2-9)
文章では、各単語に分解してそれぞれの関係を図式化するなど解析すること。プログラミング言語では、ソースコードを解析し、プログラムに変換する処理の1つ。

※コールバック　(➡6-2)
関数の引数として関数を渡し、呼び出された関数内で、引数として渡された関数を実行すること。フレームワークやライブラリなどでよく使われる。

※コネクションプーリング　(➡6-10)
プログラムが同じデータベースに何度もアクセスするとき、毎回接続や切断を行うのではなく、一度接続した情報を維持して使いまわすこと。メモリは占有されるが、負荷が高まることを回避できる。

さ

再帰　(➡4-7)
関数の中から自身の関数を呼び出すような関数のこと。木構造での探索など、同じような処理が何層にもわたって繰り返されるときに使われる。

サブクラス　(➡5-16)
オブジェクト指向プログラミングにおいて、あるクラスから継承して作成したクラスのこと。元のクラスが持つ特徴は引き継ぎ、新たにデータや操作を定義できる。

※しきい値　(➡4-2)
条件分岐の境界となる値のことで、動作を変える基準として使われる。閾値と書いて「しきい値」や「いき値」と読む。

実数型　(➡3-7)
実数を扱うデータ型のこと。実数は無限に存在し、コンピュータでは扱えないため、浮動小数点数などを使って表現することが多い。

真理値　(➡3-2)
真偽を表す値のこと。プログラミング言語によって表現は異なるが、TrueとFalse、1と0、などの値を使うことが多い。

※スキャフォールド　(➡6-2)
一般的なアプリが備える基本的な機能の骨組みを作成すること。フレームワークなどで多く使われ、コマンドを実行するだけで、アプリに必要なファイルを自動的に生成してくれる。

スクラム　(➡1-8)
ソフトウェアの開発を短期間で区切り、その期間内で設計や実装、テストなどを行うことを繰り返して、優先度の高いものから開発を進める手法。チームで効率的に開発を進められる。

スタック　(➡3-16)
最後に格納したデータを最初に取り出すデータ構造のこと。配列へのデータの格納に使われるだけでなく、関数呼び出しの際に戻るアドレスを指定する「コールスタック」などもある。

※スタブ　(➡5-12)
プログラムのテストをするとき、他のモジュールができていないときに代わりに使うダミーのモジュールのことで、テスト対象から呼び出されると都合のよいデータを返す。

※ストアドプロシージャ　(➡6-11)
データベースの中に格納されている関数で、データベース内での複数の処理をまとめて実行する役割を担う。事前にコンパイルしておくことで高速に処理でき、呼び出し側のプログラムもシンプルになる。

※スパゲティコード　(➡5-11)
複雑に入り組んだソースコードで、処理の流れなどを開発者が調べるのが困難なソースコード。動作には支障がない場合もあるが、保守が困難であり不具

合の温床になる可能性も高い。

スプリント計画 （➡1-8）
スクラムにおける1つの開発期間をスプリントといい、スプリントの開始前に開発する内容を決め、何をどれくらいの期間でどうやって実現するか、チーム全体としてコミットメントを行うこと。

スプリントレビュー （➡1-8）
スプリントの終わりに実施するミーティングのこと。チームのメンバーや関係者が参加し、うまくいったことや問題点、解決手法などについて議論し、次のスプリントに役立てる。

※スループット （➡4-14）
単位時間あたりに処理できる量のこと。ネットワークである時間内に転送できる量や、プログラムである時間内に処理できる量など、処理能力を表すために使われる。

※正規表現 （➡3-9）
ある規則にしたがっている文字列を1つの形式で表現する方法。文章中から特定の文字列を検索する場合、その内容ではなく形式で検索できる。

脆弱性 （➡6-19）
ソフトウェアなどに存在するセキュリティ上の不具合のこと。一般の利用者は気づかないが、攻撃者の立場で悪用すると、利用者に被害が発生する。

※静的型付け （➡2-6）
変数、関数の引数、関数の戻り値などにおいて、その変数の型をコンパイル時点のようにプログラムの実行前に決めておくこと。

設計 （➡1-7）
要件定義で決まった内容について、どのように実装するか検討し、ドキュメントを作成する作業。基本設計と詳細設計に分けて考えることが多い。

※セマフォ （➡6-11）
排他制御を実現するとき、その資源に対してあとどれくらい利用可能であるかを示す値のこと。また、複数のプロセスが同時に動作するときに、処理状況を同期するためにも使われる。

※先祖返り （➡6-16）
古いソースコードだと気づかずに開発を進めたり、古いプログラムを間違えて公開したり、などにより、開発したはずの機能が失われたり、修正したはずの不具合が再発したりすること。デグレともいう。

ソフトウェアメトリックス （➡5-8）
ソースコードの規模や複雑さ、保守性などを定量的に示す値のこと。保守しにくいコードを早期発見し、保守の負担を軽減するなど品質向上のために静的解析ツールなどを使用して計測する。

た・な

※ダック・タイピング （➡5-19）
オブジェクト指向において、同じ名前のメソッドを持っているオブジェクトであれば、継承関係がないクラスから生成されていても処理できること。

単精度 （➡3-7）
浮動小数点数についての規格であるIEEE 754において、32ビットで小数を表現する形式のこと。

ダンプ （➡5-7）
デバッグなどのために、メモリの内容やファイルの内容を画面やファイルに出力すること。16進数で出力し、その内容を確認することが多い。

デイリースクラム （➡1-8）
毎日実施する15分程度のイベントのこと。前回からの作業のチェックと、次回までの作業の予測について話し、ゴールを達成できるように最適化する。

データモデリング （➡1-9）
システムが扱うデータの項目や関係などを整理し、開発者が共通の認識を持つように可視化すること。ER図やUMLなどを使って表現することが多い。

テスト （➡5-3）
開発したソフトウェアが正しく動くことを確認する作業。正しいデータを正常に処理できるだけでなく、不適切なデータが与えられたときにも適切な処理が実行されていることを確認する。

テスト駆動開発 （➡5-12）
テストを前提として開発を推進する開発手法。仕様をテストコードとして記述しておくことで、実装したコードがテストを満たしているかチェックしながら開発を進められる。

※動的型付け （➡2-7）
変数、関数の引数、関数の戻り値などにおいて、その変数の型をコンパイル時点では決めず、プログラムの実行時に格納される実際の値によって判断すること。

人月・人日 （➡5-26）
開発などにかかる作業量を数値として表すために使われる単位。1人月は1人のエンジニアが1ヶ月でできる仕事の量の目安。3人月の場合、1人だと3ヶ月かかるが3人だと1ヶ月で完成する見込み。

は

倍精度 （➡3-7）
浮動小数点数についての規格であるIEEE 754において、64ビットで小数を表現する形式のこと。

パイプ（シェル） （➡2-11）
あるコマンドからの標準出力を他のコマンドの標準入力に接続すること。途中にファイルを経由することなく、プログラム間でデータをやり取りできる。

ハッシュ関数 （➡3-13）
与えられた値から何らかの変換を行う関数で、同じ入力からは同じ出力が得られる。複数の入力から同じ出力が得られることが少なくなるように設計される。

※番兵 （➡3-9）
データの終了など境界を示すために使われる特殊な値のこと。ループなどの終了条件として使われ、条件判定をシンプルにできる効果がある。

※ファジング （➡5-5）
プログラムの不具合や脆弱性を調査するために、問題がありそうなさまざまなデータを試して、異常な動作をしないかチェックするテスト方法のこと。

※ブランチ (➡6-16)
バージョン管理システムなどで、メインの系統から分けて開発を進めるような分岐した流れのこと。分離したブランチを統合することをマージという。

フレームワーク (➡6-2)
多くのソフトウェアで使われるような一般的な機能が用意されているもの。

ペアプログラミング (➡1-10)
2人以上のプログラマが1台のコンピュータを使って共同でプログラムを作成すること。発展させた形態にモブプログラミングがある。

ポインタ (➡3-14)
プログラム中で、変数のメモリ上での位置（アドレス）を格納しているデータ型のこと。ポインタに格納されているアドレスにアクセスすることで変数や配列を操作できる。

※補数 (➡3-2)
足すと桁上がりする数のうち、最小の数のこと。主に2進法で使われ、コンピュータで整数を扱うときに負の値を表現するために「2の補数」が使われる。

ま
マイルストーン (➡1-8)
FDDにおいてFeatureごとにドメイン・ウォークスルー、設計、設計インスペクション、コーディング、コードインスペクション、ビルドという6つに分けてそれぞれの進捗を管理する方法。

末尾再帰 (➡4-7)
再帰的な関数において、その関数の最後のステップ（戻り値を返す部分）が自身の再帰呼び出しだけであり、その関数内の他では自身の再帰呼び出しをしていないような関数のこと。

見積ポーカー（プランニングポーカー） (➡1-8)
工数を見積もるときに、ポーカーのようにカードを使って、開発メンバーが相対的に開発工数を決める方法。単位は架空のものであり、実績と比較してスケジュールを決める。プランニングポーカーともいう。

※無名関数 (➡4-4)
中身は定義されているが、名前をつけていない関数のこと。関数を呼び出すには名前が必要だが、コールバック関数の場合、引数として渡すだけなので名前は必要ないため、省略できるようにしたもの。

※モック (➡5-12)
プログラムのテストをするとき、他のモジュールができていないときに代わりに使うダミーのモジュールのことで、必要なインターフェイスは備えているが中身のないモジュール。

戻り値 (➡4-4)
関数を呼び出したとき、関数の処理がすべて終わったときに関数から呼び出し元に返す値のこと。関数内での処理結果や、エラーの有無などを返すことが多い。

や
ユースケース駆動 (➡1-8)
RUPにおいて、開発対象を明確にするために、設計や実装、テストなど開発のあらゆる場面でユースケースを中心に開発を進めること。

要件定義 (➡1-7)
ソフトウェアを開発する前に聞き出した顧客の要望をもとに、実現する範囲や品質などを顧客と調整して決めること。決めた内容を要件定義書として文書を作成する。

ら
ライブラリ (➡6-2)
多くのプログラムで共通して使われる便利な機能をまとめたもの。

※乱数（ランダム） (➡3-4)
サイコロを投げて出た目を調べるように、次に何が出るかわからない数のこと。コンピュータでは計算によって生成された値を乱数に見せかけているため擬似乱数と呼ばれる。

※ランタイムライブラリ (➡6-2)
プログラムの実行時に読み込まれるライブラリで、実行ファイルとは別に用意された便利な処理の集まりのこと。複数のプログラムに共通の処理などを用意しておくと、ディスク使用量を削減できる。

リーン (➡1-8)
仮説検証を繰り返しながら開発を進める手法。最小限のコストで開発してスピーディにリリースし、顧客やユーザーの反応を見て、効果を測定しながら改善を繰り返す。リーン・スタートアップともいう。

リダイレクト（シェル） (➡2-11)
コマンドでの入力や出力を標準入力や標準出力から変更すること。ファイルから入力する、ファイルに出力するなどの方法がよく使われる。

リファクタリング (➡5-11)
プログラムの動作を変えることなくソースコードをより良い形に修正すること。仕様変更や機能追加などで複雑化し、メンテナンスが難しくなったソースコードを結果を変えないように修正する。

例外 (➡4-8)
システムの設計時に想定されておらず、実行時に発生する問題のこと。発生すると、システムが停止したり、処理中のデータが失われたりする。

※レンダリング (➡6-1)
与えられたデータを画面などに整形して表示すること。例えば、WebブラウザはHTMLやCSSのデータを受け取り、レイアウトを整えて表示している。

ローカル変数 (➡4-6)
関数の内部など、プログラムの一部からしかアクセスできない変数のこと。その関数が呼び出されたときに確保され、関数が終了した時点で解放される。

論理型 (➡3-7)
真理値を扱うデータ型のこと。ANDやORといった論理演算も可能で、条件分岐における判定などにも使われる。

索 引

本書内容に関するお問い合わせについて

このたびは翔泳社の書籍をお買い上げいただき、誠にありがとうございます。弊社では、読者の皆様からのお問い合わせに適切に対応させていただくため、以下のガイドラインへのご協力をお願い致しております。下記項目をお読みいただき、手順に従ってお問い合わせください。

●ご質問される前に

弊社Webサイトの「正誤表」をご参照ください。これまでに判明した正誤や追加情報を掲載しています。

正誤表　https://www.shoeisha.co.jp/book/errata/

●ご質問方法

弊社Webサイトの「刊行物Q&A」をご利用ください。

刊行物Q&A　https://www.shoeisha.co.jp/book/qa/

インターネットをご利用でない場合は、FAXまたは郵便にて、下記"翔泳社 愛読者サービスセンター"までお問い合わせください。
電話でのご質問は、お受けしておりません。

●回答について

回答は、ご質問いただいた手段によってご返事申し上げます。ご質問の内容によっては、回答に数日ないしはそれ以上の期間を要する場合があります。

●ご質問に際してのご注意

本書の対象を越えるもの、記述個所を特定されないもの、また読者固有の環境に起因するご質問等にはお答えできませんので、予めご了承ください。

●郵便物送付先およびFAX番号

送付先住所　〒160-0006　東京都新宿区舟町5
FAX番号　　 03-5362-3818
宛先　　　　（株）翔泳社 愛読者サービスセンター

著者プロフィール

増井 敏克 （ますい・としかつ）

増井技術士事務所 代表
技術士（情報工学部門）
1979年奈良県生まれ。大阪府立大学大学院修了。テクニカルエンジニア（ネットワーク、情報セキュリティ）、その他情報処理技術者試験にも多数合格。また、ビジネス数学検定1級に合格し、公益財団法人日本数学検定協会認定トレーナーとして活動。「ビジネス」×「数学」×「IT」を組み合わせ、コンピュータを「正しく」「効率よく」使うためのスキルアップ支援や、各種ソフトウェアの開発を行っている。
著書に『プログラマ脳を鍛える数学パズル シンプルで高速なコードが書けるようになる70問』、『もっとプログラマ脳を鍛える数学パズル アルゴリズムが脳にしみ込む70問』、『図解まるわかり セキュリティのしくみ』、『IT用語図鑑 ビジネスで使える厳選キーワード256』、『Pythonではじめるアルゴリズム入門 伝統的なアルゴリズムで学ぶ定石と計算量』（以上、翔泳社）、『プログラミング言語図鑑』、『プログラマのためのディープラーニングのしくみがわかる数学入門』（以上、ソシム）などがある。

装丁・本文デザイン／相京 厚史（next door design）
カバーイラスト／越井 隆
本文イラスト／浜畠 かのう
DTP／佐々木 大介
　　　吉野 敦史（株式会社 アイズファクトリー）

図解まるわかり プログラミングのしくみ

2020年 7月 8日　初版第1刷発行
2023年 2月15日　初版第4刷発行

著者　　　増井 敏克
発行人　　佐々木 幹夫
発行所　　株式会社 翔泳社（https://www.shoeisha.co.jp）
印刷所　　昭和情報プロセス株式会社
製本所　　株式会社 国宝社

©2020 Toshikatsu Masui

ISBN978-4-7981-6328-4　　　　　　　　　　　　　　Printed in Japan